Complex Manifolds

복소다양체

조용승 지음

KYOWOO

PREFACE 서 문

다양체 중에서 많은 구조를 가지고 있는 다양체가 호지다양체(Hodge manifold)이다. 호지다양체는 위상구조, 미분구조, 복소구조, 켈러구조 그리고 양의 정수를 나타내는 기본류를 가지고 있다. 많은 구조를 가진 만큼 연구하는 도구도 많고 해결해야 할 문제도 많다. 문제 중 하나가 호지추측(Hodge conjecture)이다. 호지추측은 클레이수학연구소(Clay Mathematics Institute)가 제시한 7개 밀레니엄 문제 중 하나이다. 각 문제마다 100만 불의 상금이 걸려있는 중요한 미해결 문제이다.

호지추측은 ***호지다양체의 호지코호몰로지류가 적분가능한가?*** 이다. 즉, 호지다양체 내에 복소부분다양체가 존재하여 주어진 호지코호몰로지류를 나타낼 수 있느냐? 의 문제이다. 호지다양체에서 렆셔츠동형은 적공간에서 호지류이며 이는 적공간의 대수적싸이클로 표시된다. ***렆셔츠동형의 역동형은 적공간에서 호지류인데 이 또한 대수적싸이클인가?***가 렆셔츠표준추측(Lefschetz standard conjecture)이다. 렆셔츠추측 역시 중요 미해결 문제이다. 이 책은 이러한 문제를 염두해 두고 복소다양체(complex manifolds)에 관하여 개괄적으로 집필하였다.

제1장에서는 기본개념으로 미분다양체, 복소다양체, 실벡타번들, 복소벡타번들, 휘트니매장정리, 복소공간에서 최대값 원리, 복소다양체의 매장, 드람코호몰로지, 특성류, 기본코호몰로지류, 그리고 아티야-싱어 지표정리를 소개하였다.

제2장에서는 복소다양체를 연구하는데 기본 도구인 슆코호몰로지를 간단히 다루었다. 내용은 아벨군의 슆, 슆분해, 슆코호몰로지, 소프트슆, 슆코호몰로지의 기본성질을 소개하였다.

제3장에서는 복소벡타번들 상의 기하학적 구조를 소개하였다. 내용은 복소벡타번들의 정의와 예제, 복소라인번들, 콘넥션과 곡률, 천-베일 이론, 천

서 문

류, 벡타번들의 연산과 천류사이 관계를 다루었다.

제4장에서는 다양체의 코호몰로지의 분리를 소개하였다. 내용으로는 미분다양체의 코호몰로지에 대한 호지분리, 세레듀알정리, 켈러다양체의 기본폼, 성질 그리고 호지분리, 렆셔츠의 정리와 분리정리를 다루었다.

제5장에서는 글라스만다양체 정의, 슈벨트벌라이어티, 셀구조에 의한 호몰로지군 구조와 천류와 관계를 소개하고, 응용으로 구(sphere)상의 복소구조, 분리공간, 오일러지표를 다루었다.

제6장에서는 호지다양체의 정의와 여러 가지 예 특히, 복소사영공간, 아벨벌라이어티 등을 다루었다. 또한 호지다양체를 특징 지우는 고다이라 매장정리를 증명하기 위하여 고다이라 소멸정리, 블로우업에 따라 발생하는 홀로몰픽 라인번들을 다루었다.

제7장에서는 호지가 1950년대 추측하고 2000년에 클레이수학연구소가 밀레니엄 문제로 제시한 호지추측을 다루었다. 내용은 호지구조, 몰피즘, 폴라화, 렆셔츠정리, 렆셔츠분리, 호지류, 대수적싸이클류, 히로나카정리, 호지추측, 그리고 알려진 결과를 소개하였다.

제8장에서는 호지추측의 특별한 경우라 할 수 있는 렆셔츠추측을 다루었다. 내용은 적공간에서 대각코호몰로지류를 소개하고, 호지구조의 몰피즘은 텐서의 호지구조의 호지류와 같음을 이용하면, 호지다양체에서 렆셔츠동형맵은 적공간에서 호지류이다. 이 호지류는 대수적 싸이클류임을 소개하였다. 예를 들면 호지다양체의 각 코호몰리지군의 항등맵과 그 합은 호지구조의 몰피즘이다. 그 합은 적공간에서 호지류이며 대각공간으로 표현되는 대수적 싸이클류이다.

그러나 그의 퀘니스성분인 호지류는 대수류인지 아닌지는 아직 미해결 문제이다. 렆셔츠동형의 역맵도 적공간에서 호지류이지만 대수적싸이클류인지? 하는 것이 렆셔츠표준추측이다. 아벨벌라이어티에서는 렆셔츠추측이

진임을 소개하였다.

부록에서는 본문의 내용을 원활히 이해하도록 헐미션외대수 상의 $sl(2, \mathbb{C})$표현과 다양체의 복소구조를 간략히 소개하였다.

부록 A에서는 헐미션외대수(Hermitian exterior algebra) 상의 리대수 $sl(2, \mathbb{C})$ 표현을 다루었다. 켈러다양체는 복소구조로부터 코호몰로지군은 자연스럽게 호지분해(Hodge decomposition)가 되고, 양의 홀로몰픽 라인번들의 천류에 의하여 코호몰로지군은 렆셔츠분해(Lefschetz decomposition)가 된다. 렆셔츠분해를 증명하기 위해서는 헐미션외대수 상의 $sl(2, \mathbb{C})$ 표현에 대한 표준폼(canonical form)을 소개해야 하는데 제7장에서는 결과를 받아들이고 부록에서는 구체적으로 $sl(2, \mathbb{C})$의 표현을 이용하여 렆셔츠분해를 유도하였다.

부록 B에서는 복소다양체의 기초로서 복소벡타공간에서 메트릭, 복소구조 그리고 기본폼 사이의 관계를 소개하고, 복소구조의 확장이라고 할 수 있는 준복소다양체와 그 상에서 폼의 (p, q)-타입 분해 $\mathcal{E}^k = \bigoplus_{p+q=k} \mathcal{E}^{p,q}$ 소개하였다. 복소다양체상에서 폼의 분해로 이루어진 복체와 그의 돌보코호몰로지군 $H^{p,q}$, 기본폼이 닫혀있는 켈러다양체 M과 코호몰로지의 호지분해 $H^k(M, \mathbb{C}) = \bigoplus_{p+q=k} H^{p,q}(M)$, 기본코호몰로지류가 정수류인 호지다양체를 다루어 본문의 기초가 되도록 하였다.

부록 C에서는 본 책에 나오는 내용과 관련이 많은 수학자들의 간단한 이력과 중요업적을 소개하였다.

마지막으로 이 책을 출판해주신 교우사 오판근 사장님과 편집부 직원께 진심으로 감사드립니다. 그리고 교정과 자료정리를 도와준 아내 김수남 교수에게도 감사드립니다.

서 문

[그림 1] **다양체**(Manifolds)

호지다양체(Hodge manifold)		
⇓		
켈러다양체 (Kähler manifold)	⟹	심플렉틱다양체 (symplectic manifold)
⇓		⇓
복소다양체 (complex manifold)	⟹	준복소다양체 (almost complex manifold)
		⇓
		미분다양체 (differentiable manifold)
		⇓
		위상다양체 (topological manifold)

[그림 2]

(1) 리군(Lie group)

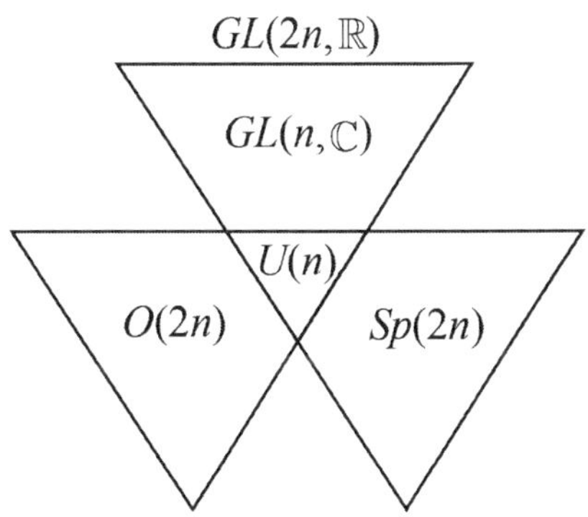

(2) 호지분리와 렆셔츠분리

- $H^k(M;\mathbb{C}) = \bigoplus_{p+q=k} H^{p,q}(M).$
- $H^k(M;\mathbb{C}) = \bigoplus_{2r \le k} l^r \cup H_0^{k-2r}(M;\mathbb{C}).$

[그림 3] 돌보복체(Dolbeault complex)

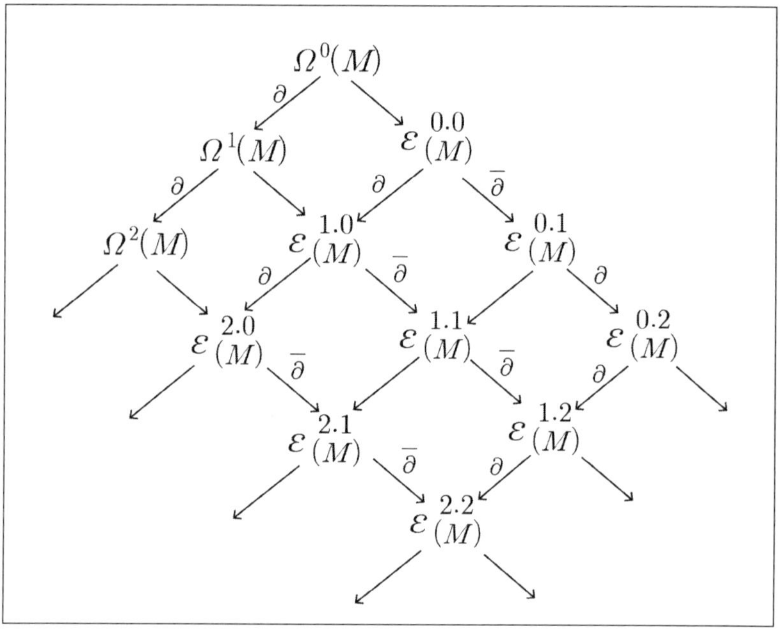

[그림 4] n-차원 콤팩트켈러다양체의 **호지다이아몬드**(Hodge diamond)

$$
\begin{array}{llllll}
H^{2n}: & & & h^{n,n} & & \\
H^{2n-1}: & & h^{n,n-1} & & h^{n-1,n} & \\
H^{2n-2}: & h^{n,n-2} & & h^{n-1,n-1} & & h^{n-2,n} \\
 & & & \vdots & & \\
H^{2}: & h^{2,0} & & h^{1,1} & & h^{0,2} \\
H^{1}: & & h^{1,0} & & h^{0,1} & \\
H^{0}: & & & h^{0,0} & &
\end{array}
$$

대칭성 : $\overline{H^{p,q}} \cong H^{q,p}$, $H^{p,q} \cong H^{n-p,n-q}$, $H^k \cong H^{2n-k}$

(호지대칭) (세레정리) (렆셔츠정리)

[그림 5] 호지추측과 렆셔츠추측

- $Hdg^{2k}(M) = H^{2k}(M;\mathbb{Q})_{\mathrm{alg}}$?
- $\left[(l^{n-k} \cup \ \bullet\ )^{-1} :\ H^{2n-k}(M;\mathbb{Q}) \to H^k(M;\mathbb{Q})\right]$
  $\in H^{2k}(M \times M;\mathbb{Q})_{\mathrm{alg}}$?

CONTENTS

목 차

목 차

CHAPTER 08 렆셔츠추측(Lefschetz Conjecture)

※ 부 록

CHAPTER 01 기본개념(Basic Concepts)

1.1 다양체(Manifolds)

유클리트공간과 헐미션벡타공간으로부터 여러 가지 다양체를 알아보자.

(1.1.1) 기호약속으로 정수환(integer ring)을 $\mathbb{Z}$, 유리수체(rational field)를 $\mathbb{Q}$, **실수체**(real field)를 $\mathbb{R}$, 그리고 **복소수체**(complex field)를 $\mathbb{C}$라고 하자.

(1.1.2) n-차원 **실벡타공간**(n-dimensional real vector space)을 $\mathbb{R}^n$, n-차원 **복소벡타공간**(n-dimensional complex vector space)을 $\mathbb{C}^n$이라 하자.

(1.1.3) $\mathbb{R}^n$상에 **내적**(inner product)을

$$< \, , > \, : \, \mathbb{R}^n \times \mathbb{R}^n \to \mathbb{R}, \; < x \, , y > = \sum_{i=1}^{n} x_i y_i,$$

$$x = (x_1 , \cdots , x_n), \; y = (y_1 , \cdots , y_n) \in \mathbb{R}^n$$

로 정의한다. $\mathbb{R}^n$상의 **메트릭**(metric)은

$$d(x \, , y) = < x - y \, , x - y > ^{\frac{1}{2}}$$

로 정의한다.

내적을 갖는 n-차원 벡터공간 $(\mathbb{R}^n, <\ ,\ >)$을 n-차원 **유클리트벡타 공간**(Euclid vector space)라 한다.

(1.1.4) 복소벡타공간 $\mathbb{C}^n$상에 **헐미션내적**(Hermitian inner product)을

$$\ll\ ,\ \gg\ :\ \mathbb{C}^n \times \mathbb{C}^n \to \mathbb{C},\ \ \ll z, w \gg = \sum_{i=1}^{n} z_i \overline{w_i}$$

$$z = (z_1, \cdots, z_n),\ \ w = (w_1, \cdots, w_n) \in \mathbb{C}^n$$

으로 정의한다.

헐미션내적을 갖은 n-차원 복소벡타공간 $(\mathbb{C}^n, \ll\ ,\ \gg)$을 n-차원 **헐미션복소벡타공간**(Hermitian complex vector space)이라 한다.

$\mathbb{C}^n$상의 헐미션내적을 전개하면

$$\begin{aligned}
\ll z, w \gg &= \sum_{i=1}^{n} z_i \cdot \overline{w_i}\ , \qquad z_j = x_j + iy_j\ ,\ w_j = u_j + iv_j\ ,\ j = 1 \cdots n \\
&= \sum_{j=1}^{n} (x_j + iy_j)(u_j - iv_j) \\
&= \sum_{j=1}^{n} \left[(x_j u_j + y_j v_j) - i(x_j v_j - y_j u_j) \right] \\
&= \sum_{j=1}^{n} (x_j u_j + y_j v_j) - 2i \sum_{j=1}^{n} \frac{1}{2}(x_j v_j - y_i u_j) \\
&= < z, w > - 2i\,\Omega(z, w)
\end{aligned}$$

이다.

여기서 $z = (z_1, \cdots, z_n) \in \mathbb{C}^n$와 $z = (x_1, y_1, \cdots, x_n, y_n) \in \mathbb{R}^{2n}$를 동일시하였다.

헐미션내적의 실수부분은 유클리트공간의 내적과 같고, 허수부분

Ω는 비대칭(skew symmetry)인 2-폼(2-form)이다.
2-폼 Ω는 향후 중요한 역활을 한다.

(1.1.5) 내적벡타공간 $(\mathbb{R}^n, <\ ,\ >)$과 $(\mathbb{C}^n, \ll\ ,\ \gg)$은 유클리트 내적에 의한 **메트릭 위상공간**(topological space)이다. 메트릭에 의하여 위상, 극한(limit), 미분적분이 정의된다. 또한, 두 공간을 동일시하는 위상동형(homeomorphism), 미분동형(diffeomorphism), 복소동형(biholomorphism)이 정의된다.

(i) $\mathbb{R}^n$상의 개집합(open set)를 **위상동형**(homeomorphism)으로 동일시하여(identify) 만들어진 도형 M을 n-차원 **위상다양체**(topological manifold)라 한다. 따라서 n-차원 위상다양체 M은 각 점에서 $\mathbb{R}^n$과 **국소위상동형**(local homeomorphism)이다.

(ii) $\mathbb{R}^n$상의 개집합을 **미분동형**(diffeomorphism)으로 동일시하여 만들어진 도형 M을 n-차원 **미분다양체**(differentiable manifold)라 한다. 따라서 n-차원 미분다양체 M은 각 점에서 $\mathbb{R}^n$과 **국소미분동형**(local diffeomorphism)이라고 할 수 있다.

(iii) $\mathbb{C}^n$상의 개집합을 **복소동형**(biholomorphism)으로 동일시하여 만들어진 도형 M을 n-차원 **복소다양체**(complex manifold)라 한다. 따라서 n-차원 복소다양체 M은 각 점에서 $\mathbb{C}^n$과 **국소복소동형**(local biholomorphism)이라고 할 수 있다.

예제 1.1.6

(1) $\mathbb{R}^n$은 n-차원 미분다양체이고, $\mathbb{C}^n$은 n-차원 복소다양체이다.
(2) M이 4차원 다양체로서 교차폼(intersection form)이 $E_8 \oplus E_8$을

갖는다면, 프리드만(Freedman) 정리에 의하여 위상다양체로서 존재하지만 도낼슨(Donaldson) 정리에 의하여 미분다양체로서는 존재하지 않는다.

(3) 리만곡면(Riemann surface), 복소사영공간 $\mathbb{CP}^n$, K3-곡면 $(2E_8 \oplus 3\begin{pmatrix} 1 & 0 \\ 0 & 1 \end{pmatrix})$, 복소글라스만공간 등은 복소다양체이다.

1.2 복소다양체(Complex Manifolds)

다음은 복소맵과 복소다양체에 대하여 좀더 알아보자.

(1.2.1) D를 $\mathbb{C}$의 개부분집합(open subset)라 하고 $f: D \to \mathbb{C}$는 스므스맵, $z = x + iy$, $f(z) = u + iv$, $u, v: D \to \mathbb{R}$, 이라 하자.

맵 f가 **홀로몰픽**(holomorphic)일 필요충분조건은

$$\frac{\partial f}{\partial \bar{z}} = \frac{1}{2}(u_x - v_y) + \frac{i}{2}(u_y + v_x) = 0$$

이며, 이 또한 필요충분조건은 **코시-리만방정식**(Cauchy- Riemann equations) : $u_x = v_y$, $u_y = -v_x$

을 만족하는 것이다. 이때 $\frac{\partial f}{\partial z} = u_x + iv_x = \frac{df}{dz}$이다.

이는 f가 **테일러전개**(Taylor expansion)가능과 동치이다.

또한, 실맵 u와 v는 **라플라스방정식**(Laplace equation)

$$\Delta u = \left(\frac{\partial^2}{\partial x^2} + \frac{\partial^2}{\partial y^2}\right)(u) = 0, \ \Delta v = 0$$

을 만족한다. 이때 u, v를 조화맵(harmonic function)이라 한다.
만일 $u: D \to \mathbb{R}$이 조화맵이면 홀로몰픽맵 $f: D \to \mathbb{C}$이 존재하고 실수부분 $\mathrm{Re}(f) = u$이다.

(1.2.2) D를 $\mathbb{C}^n$의 개부분집합이고 스므스맵

$$f: D \to \mathbb{C}, \ f(z) = f(z_1, \cdots, z_n), \ z_j = x_j + iy_j, \ j = 1, \cdots, n$$

이 홀로몰픽일 필요충분조건은 $\dfrac{\partial f}{\partial \bar{z}_j} = 0, \ j = 1, \cdots, n$이다.

여기서 $\dfrac{\partial f}{\partial z_j} = \dfrac{1}{2}\left(\dfrac{\partial f}{\partial x_j} - i\dfrac{\partial f}{\partial y_j}\right), \ \dfrac{\partial f}{\partial \bar{z}_j} = \dfrac{1}{2}\left(\dfrac{\partial f}{\partial x_j} + i\dfrac{\partial f}{\partial y_j}\right)$이다.

라플라스연산자를 $\Delta = \displaystyle\sum_{i=1}^{n}\left(\frac{\partial^2}{\partial x_i^2} + \frac{\partial^2}{\partial y_i^2}\right)$라 하고, 홀로몰픽맵 $f = u + iv$이라 하면 $\Delta u = 0, \ \Delta v = 0$이므로 u, v는 조화맵이다.
그러나 $n \geq 2$일 때 조화맵을 홀로몰픽맵의 실수부분이라고 할 수 없다.

예를 들면 $u(x_1, y_1, x_2, y_2) = \dfrac{1}{(x_1^2 + y_1^2 + x_2^2 + y_2^2)}$이라 하면

$\Delta u = 0$이나 $\dfrac{\partial^2}{\partial x_1^2}u + \dfrac{\partial^2}{\partial y_1^2}u \neq 0$이다.

따라서 u는 홀로몰픽맵의 실수부분이 아니다.

(1.2.3) 스므스맵 $f: D \subset \mathbb{C}^n \to \mathbb{C}^m, \ z = (z_1, \cdots, z_n) \leftrightarrow f(z) = (f_1(z), \cdots, f_m(z))$이 홀로몰픽일 필요충분조건은 $f_k(z)$,

$k = 1, \cdots, m$ 이 홀로몰픽이다.

M을 n-차원 복소다양체라 하자.

M의 닫힌부분집합 S가 해석학적(analytic)이란 각 점 $p \in S$에 대하여 홀로몰픽맵 $f_1 \cdots f_m : U(p) \to \mathbb{C}$이 존재하여, 여기서 $U(p)$는 p의 근방,

$$S \cap U(p) = \{z \in U(p) \mid f_1(z) = \cdots = f_m(z) = 0\},$$

$$\mathrm{rank}\left(\frac{\partial(f_1 \cdots f_m)}{\partial(z_n \cdots z_n^n)}\right) = m, \ \det\left(\frac{\partial(f_1 \cdots f_m)}{\partial(z_{n-m+1} \cdots z_n)}\right) \neq 0$$

을 만족할 때이다.

이때 S는 $(n-m)$-차원 복소부분다양체(complex submanifold)이다.

(1.2.4) 만일 맵 $f_0 : D_0 \to \mathbb{C}$, $f_1 : D_1 \to \mathbb{C}$이 홀로몰픽이고 $f_0(z) = f_1(z)$, $z \in D_0 \cap D_1$이면 $f : D_0 \cup D_1 \to \mathbb{C}$는 유일한 홀로몰픽맵으로 D_1에서 $f = f_1$이며, D_0에서 $f = f_0$이다. f를 f_0와 f_1의 **해석학적확장**(analytic continuation)이라 한다.

(1.2.5) 하토그스 정리(Hartogs theorem) $U \subset \mathbb{C}^n$의 개부분집합이고, $p \in U$일 때 모든 홀로몰픽맵 $f_0 : U - \{p\} \to \mathbb{C}$은 U상의 홀로몰픽맵으로 확장할 수 있다.

최대값의 원리(maximum principle)을 이용하면 콤팩트 연결 복소다양체상의 홀로몰픽맵은 상수맵이다.

예제 1.2.6

점 $z=(z_0, \cdots, z_n) \in \mathbb{C}^{n+1}-\{0\}$에 대하여

$$l=\{(\lambda z_0, \cdots, \lambda z_n)=\lambda z \mid \lambda \in \mathbb{C}\} := [z_0, \cdots, z_n]$$

은 원점 o와 z을 지나는 $\mathbb{C}^{n+1}$상의 복소라인이다.

집합 $\mathbb{CP}^n=\{l \mid l$은 $\mathbb{C}^{n+1}$에 원점을 지나는 복소라인$\}$을 n-차원 **복소사영공간**(complex projective space)라 한다. $\mathbb{CP}^n$은 상위상(quotient topology)를 갖는다.

각 점 $[z_0, \cdots, z_n] \in \mathbb{CP}^n$은 $z_i \neq 0$인 $i \in \{0, \cdots, n\}$가 존재한다.

$U_i := \{[z_0 \cdots z_n] \in \mathbb{CP}^n \mid z_i \neq 0\}$은 $\mathbb{CP}^n$의 개부분집합(open subset)이며 맵

$$\begin{array}{ccc} U_i & \longrightarrow & \mathbb{C}^n \\ [z_o, \cdots, z_i, \cdots, z_n] & \mapsto & \left[\frac{z_o}{z_i}, \cdots, \frac{z_{i-1}}{z_i}, \frac{z_{i+1}}{z_i}, \cdots, \frac{z_n}{z_i}\right] \end{array}$$

은 위상동형(homeomorphism)이며

$$\mathbb{CP}^n=\bigcup_{i=0}^{n} U_i,$$

교집합 $U_i \cap U_j$상에서

$$\begin{array}{ccc} [z_0, \cdots z_i \cdots z_j \cdots z_n] & \xrightarrow{\frac{1}{z_i}} & \left[\frac{z_0}{z_i}, \cdots \frac{\widehat{z_i}}{z_i} \cdots \frac{z_j}{z_i} \cdots \frac{z_n}{z_i}\right] \\ & \searrow^{\frac{1}{z_j}} & \frac{z_j}{z_i}\uparrow \quad \downarrow\frac{z_j}{z_i} \\ & & \left[\frac{z_0}{z_j} \cdots \frac{z_i}{z_j} \cdots \frac{\widehat{z_j}}{z_j} \cdots \frac{z_n}{z_j}\right] \end{array}$$

$z_i \cdots z_j \neq 0$이므로 $\dfrac{z_j}{z_i}$와 $\dfrac{z_i}{z_j}$는 겹홀로몰픽맵(biholomorphic map)이다.

따라서 $\mathbb{CP}^n$은 n-차원 복소다양체이다.

(1.2.7) $[z_0, \cdots, z_n] \in \mathbb{CP}^n$을 동차좌표(homegeneous coordinates)라 한다. $p([z_0, \cdots z_n])$을 m-차 동차다항식(homogeneous polynomial)이라 하자.

$p([\lambda z_0, \cdots \lambda z_n]) = \lambda^m p([z_0, \cdots, z_n])$이므로 $p(z_0, \cdots, z_n) = 0$는 $\mathbb{CP}^n$에서 잘 정의된다.

n-차원 복소사영공간은 $\mathbb{CP}^n = \bigcup_{i=0}^{n} U_i$, $U_i \cong \mathbb{C}^n$이고 M이 m-차원 복소부분다양체이면 $M = \bigcup_{i=0}^{n} (M \cap U_i)$이므로

$$M \cap U_i = \{ (z_1 \cdots z_n) \in \mathbb{C}^n \mid p_1(z) = \cdots = p_{n-m}(z) = 0 \}$$

이다. 여기서 $p_i(z_1 \cdots z_n) = 0$, $i = 1 \cdots n-m$은 대수적 방정식(algebraic equation)이다.

따라서 $\mathbb{CP}^n$의 대수적 부분집합은 해석학적 부분집합이다.

역으로 **초우정리**(Chow theorem)에 의하여 $\mathbb{CP}^n$의 해석학적 부분집합은 대수적 부분집합이다.

(1.2.8) $p(z) = p(z_0, \cdots z_n)$을 m-차 동차다항식이라 하자.

대수적 부분집합 $M = \{ z \in \mathbb{CP}^n \mid p(z) = 0 \}$을 m-차 초곡면(degree m hypersurface)라 한다.

$$z_0 \frac{\partial p(z)}{\partial z_0} + z_1 \frac{p(z)}{\partial z_1} + \cdots + z_n \frac{\partial p(z)}{\partial z_n} = mp(z)$$

이므로 각 $z = (z_0 \cdots z_n) \in \mathbb{CP}^n$에 대하여

$$\frac{\partial p(z)}{\partial z_i} \neq 0$$

인 i가 존재한다.

점 $(1, z_1 \cdots z_n) \in M \cap U_0$에 대하여 $\frac{\partial p(z)}{\partial z_i} \neq 0$인 i가 존재한다.

같은 방법으로 $M \cap U_i$, $i = 1, \cdots, n$에 대해서도 성립하므로 M은 스므스 $(n-1)$-차원 복소부분다양체이다.

예제 1.2.9

$C := \{ [z_0, z_1, z_2] \in \mathbb{CP}^2 \mid z_0^m + z_1^m + z_2^m = 0 \}$를 대수곡선이라 하자. 여기서 C의 **지너스(genus)**가 $g = \frac{1}{2}(m-1)(m-2)$임을 보이자.

$C \cap \mathbb{U}_0 = \{ [1, z_1, z_2] \in \mathbb{CP}^2 \mid 1 + z_1^m + z_2^m = 0 \}$이다.

만일 $1 + z_1^m \neq 0$이면 $z_2 = (-1 - z_1^m)^{\frac{1}{m}}$이다.

$1 + z_1^m \neq 0$에서 z_1을 C의 좌표계로 하자.

$1 + z_1^m = 0$, 즉 $p_k = (1, e^{(2\pi_i k + \pi_i)/m}, 0)$, $k = 1, \cdots n$에서는 z_2를 $\mathbb{C}$의 국소좌표로 택하자. 교집합

$$C \cap \{ [0, z_1, z_2] \in \mathbb{CP}^2 \} = \{ q_k \mid q_k = (0, e^{\pi_i m}, e^{2\pi_i k/m}) \; k = 1, \cdots, m \}$$

은 m개의 점이다.

q_k의 근방에서는 $w = \dfrac{1}{z_1}$을 C의 국소좌표로 사용하자.

$1 + z_1^m + z_2^m = 0$이므로 $z_1^{m-1} dz_1 + z_2^{m-1} dz_2 = 0$이다.

따라서 p_k는 $(m-1)$차 0이다.

q_k의 근방에서는 $\omega = -w^{-2}dw$이므로 q_k는 2차의 폴(pole)을 갖는다. ω의 디바이저(divisor)는

$$(\omega) = \sum_{k=1}^{m} (m-1)p_k - \sum_{k=1}^{m} 2q_k$$

이다. 따라서 $2g - 2 = \deg(\omega) = m(m-1) - 2m$이다.

그러므로 $g = \dfrac{1}{2}(m-1)(m-2)$이다. ■

예제 1.2.10

(1) **대수적커브**(algebraic curve)

$$C = \left\{ [z_0, z_1, z_2, z_3] \in \mathbb{CP}^3 \mid z_1 z_2 - z_0 z_3 = z_0 z_2 - z_1^2 = z_2^2 - z_1 z_3 = 0 \right\}$$

에 대하여, 맵

$$h : \mathbb{CP}^1 \longrightarrow C,\ h(w_0, w_i) = (w_0^3, w_0^2 w_1, w_0 w_1^2, w_1^3)$$

은 복소동형(biholomorphism)이다. 즉, $C \cong \mathbb{CP}^1 \cong S^2 \subset \mathbb{CP}^3$이다.

(2) **대수적곡면**(algebraic surface)

$S = \left\{ [z_0, z_1, z_2, z_3] \in \mathbb{CP}^3 \mid z_0^m + z_1^m + z_2^m + z_3^m = 0 \right\}$에 대하여,

각 점 $z = (z_0, z_1, z_2, z_3) \in \mathbb{CP}^3$에서 미분하면

$\dfrac{\partial}{\partial z_i}(z_0^m + \cdots + z_3^m) = m z_i^{m-1},\ i = 0, 1, 2, 3 \cdots$이다.

이들 중에 0이 아닌 i가 적어도 하나 있다.

$$p: \mathbb{CP}^3 \longrightarrow \mathbb{CP}^2,\ p(z_0, z_1, z_2, z_3) = (z_0, z_1, z_2, 0)$$

를 사영맵이라 하자. p의 제한맵

$$p_s : S \longrightarrow \mathbb{CP}^2$$

은 $z_0^m + z_1^m + z_2^m \neq 0$이면 m 대 1 대응이고,

$z_0^m + z_1^m + z_2^m = 0$이면 1 대 1 대응이다.

$$C := \left\{ [z_0, z_1, z_2] \in \mathbb{CP}^2 \mid z_0^m + z_1^m z_2^m = 0 \right\}$$

을 $\mathbb{CP}^2$ 내의 대수곡선이라 하자.

그러면 S는 $\mathbb{CP}^2$의 m겹 가지피복(m-fold branched cover)이며 C는 $(m-1)$-차 가지궤적(branch locus of order $m-1$)이다.

따라서 S의 오일러수(Euler number)는

$$\chi(S) = m\chi(\mathbb{CP}^2) - (m-1)\chi(C)$$

이다. $\chi(\mathbb{CP}^2) = 3$이고 $\chi(C) = 2 - 2g = m(3-m)$이므로

S의 오일러지수는 $\chi(S) = m(m^2 - 4m + 6)$이다.

(3) $M^m \subset \mathbb{CP}^n$를 **대수적 부분다양체**(algebraic submanifold)라 하자. $p(z)$, $q(z)$를 $\mathbb{CP}^n$상의 같은 차수(degree)의 동차 홀로몰픽다항식(homogeneous polynomial)라 하자.

유리맵(rational map) $f(z) = p(z)/q(z)$는 $\mathbb{CP}^n$상의 **멜로몰픽맵**(meromorphic map)이다. 만일 $q(z) \neq 0$이면, 제한맵 $f_M: M \to \mathbb{C}$도 M상에서 멜로몰픽맵이다.

정리 1.2.11

$M^m \subset \mathbb{CP}^n$이 대수적 부분다양체면, 각 점 $q \in M$의 근방과 멜로몰픽맵 $z_1 \cdots z_m$이 존재하여 $(z_1, \cdots, z_n)$이 q에서 국소좌표계(local coordinate system)이 된다.

증명. $\mathbb{CP}^n = \bigcup_{i=0}^{n} U_i$이 개피복(open cover)이고 $M = \bigcup_{i=0}^{n} (U_i \cap M)$이 M의 개피복이다.

$q \in M \cap U_0$이고 $(z^1, \cdots, z^n)$이 U_0의 좌표계라 하자.

$M \cap U(q)$의 좌표계를

$$M \cap U(q) = \{w \in \mathbb{CP}^n \mid w^{m+1} = \cdots = w^m = 0\}$$

되게 잡자.

$\mathrm{rank}\left(\dfrac{\partial(z^1, \cdots, z^m, \cdots, z^n)}{\partial(w^1, \cdots, w^m, \cdots, w^n)}\right) = m$이므로 순서를 바꾸어

$$\det\left(\frac{\partial(z^1, \cdots, z^m)}{\partial(w^1, \cdots, w^m)}\right) \neq 0$$

되게 할 수 있다.

$w_q^k(p) = z^k(p) - z^k(q),\ k = 1, \cdots, m$라 두면 $(w_q^1, \cdots, w_q^m)$이 M의 q에서 국소좌표계가 된다. 따라서 $M \cap U_0$상에서 멜로몰픽맵 $(z_k/z_0)_M - z^k(q)$으로 확장하면 된다. ■

이상은 $\mathbb{CP}^n$의 대수적 부분다양체의 기하학적 성질과 좌표계에 관하여 몇 가지 살펴봤다. 이는 호지다양체 연구에 기초가 된다.

1.3 벡터번들(Vector Bundles)

다양체 M상의 각 점에 벡타공간을 대응시키는 번들을 소개하자. 즉,

$$\pi: E = \left[\bigcup_{U_\alpha \subset M} U_\alpha \times F \right] \Big/ \sim \longrightarrow M, \ (x, f) \mapsto x$$

을 구성하고자 한다. 여기서 F는 $\mathbb{R}^k$ 혹은 $\mathbb{C}^k$이고, $\{U_\alpha\}$는 M의 개피복, $\sim$는 동치관계(equivalence relation)이다. 다양체와 동치관계 $\sim$에 따라 번들의 기하학적 구조가 달라진다.

(1.3.1) k-차원 벡타공간 $\mathbb{R}^k$에 대하여,
일반선형군(general linear group)은

$$GL(k, \mathbb{R}) = \{A : \mathbb{R}^k \to \mathbb{R}^k : \text{선형동형}\},$$

직교선형군(orthogonal linear group)은

$$O(k) = \left\{A \in GL(k, \mathbb{R}) \mid A^t A = I_{\mathbb{R}^k}\right\},$$

특수직교선형군(special orthogonal group)은

$$SO(k) = \{A \in O(k) \mid \det A = 1\}$$

라고 정의한다. 이때 $SO(k) \subset O(k) \subset GL(k, \mathbb{R})$이다.
만일 $A \in GL(k, \mathbb{R})$이면 A는 $\mathbb{R}^k$상에서 선형동형이고, 만일 $A \in O(k)$이면 A는 선형동형이고 길이보존, 만일 $A \in SO(k)$이면 A는 선형동형 길이와 방향 보존한다. 예를 들면

(1) $SO(1) = \{1\} \subset O(1) = \{1, -1\} \subset GL(1, \mathbb{R}) = \mathbb{R} - \{0\}$이고,

(2) $SO(2) \cong S^1 \subset O(2) \cong S^1 \cup \sigma S^1 \subset GL(2, \mathbb{R})$는 다양체이다.

여기서 $\sigma = \begin{pmatrix} 1 & 0 \\ 0 & -1 \end{pmatrix}$이다.

(1.3.2) k-차원 복소벡타공간 $\mathbb{C}^k$에 대하여

일반복소선형군(general complex linear group)을

$$GL(k, \mathbb{C}) = \{A : \mathbb{C}^k \to \mathbb{C}^k : \text{복소선형동형}\},$$

유니타리군(unitary group)을 $U(k) = \{A \in GL(k, \mathbb{C}) \mid A^t \overline{A} = 1\}$

라고 정의한다.

$U(k) \subset GL(k, \mathbb{C})$이고, $U(k)$의 각 원소는 $\mathbb{C}^k$에서 헐미션내적을 보존한다.

(1.3.3) 다양체 M상에 k차원 벡타번들

$$F \to E \xrightarrow{\pi} M$$

을 구성해보자. 여기서 파이버(fiber) F는 k-차원 벡타공간이다.

$\mathscr{U} = \{U_\alpha\}_\alpha$을 M의 개피복(open cover)라 하고, G를 F의 선형동형군이라 하자.

맵 $g_{\alpha\beta} : U_\alpha \cap U_\beta \to G$는

$$(*) \quad \begin{cases} g_{\alpha\alpha} = I_F & U_\alpha \cap U_\alpha \text{에서} \\ g_{\alpha\beta} \cdot g_{\beta\gamma} \cdot g_{\gamma\alpha} = I_F, & U_\alpha \cap U_\beta \cap U_\gamma \text{에서} \end{cases}$$

을 만족한다 하자.

$\widetilde{E} = \bigcup_{U_\alpha \in \mathscr{U}} (U_\alpha \times F)$를 수인합집합(disjoint union)이라 하자.

$\widetilde{E}$상에 동치관계 $\sim$을

$$(x, v) \sim (y, w) \Leftrightarrow x = y,\ g_{\alpha\beta}(x)v = w,\ x \in U_\alpha \cap U_\beta$$

로 정의하자.

$$E = \widetilde{E} / \sim \text{라 하고, } \pi : E \to M, \ \pi([x, v]) = x$$

로 정의한다.

정의 1.3.4 위와 같이 정의한

(1) $F \to E \xrightarrow{\pi} M$을 M상의 k차원 **벡타번들**(k-dimensional vector bundle)이라 한다.

(2) F를 **파이버**(fiber), E를 **전공간**(total space), M을 **기저공간**(base space), π를 **사영맵**(projection)이라 한다.

(3) 맵 $g_{\alpha\beta}$를 **전환맵**(transition map)이라 하고, 조건($*$)를 **양립조건**(compatibility condition)이라 한다.

(4) 만일 $G = GL(k, \mathbb{R})$이면 번들을 **미분벡타번들**(differentiable vector bundle), $G = O(k)$이면 **리만벡타번들**(Riemannian vector bundle), $G = SO(k)$이면 **방향리만벡타번들**(oriented Riemannian Vector bundle)이라 한다.

(5) 만일 $G = GL(k, \mathbb{C})$이면 번들을 **복소벡타번들**(complex vector bundle), $G = U(k)$이면 **헐미션벡타번들**(Hermitian vector bundle)이라 한다.

예제 1.3.5

(1) M이 k-차원 미분다양체이면

탄젠트번들(tangent bundle) : $TM = \bigcup_{x \in M} T_x M \to M$,

코탄젠트번들(cotangent bundle) : $T^* M = \bigcup_{x \in M} T_x^* M \to M$,

외번들(exterior bundle) :

$$\Lambda^p T^* M = \bigcup_{x \in M} (\Lambda^p T_x^* M) \to M,\ p = 0, 1, \cdots, k,$$

은 M상의 벡타번들이다.

(2) M이 k-차원 복소다양체이면

(1)의 번들 외에 $T^* M \bigotimes_{\mathbb{R}} \mathbb{C} := T_c^* M \to M,$

$$\Lambda^p T_c^* M = \bigoplus_{s+t=p} \Lambda^{s,t}(M) \to M$$

등 다양한 복소벡타번들이 있다.

여기서 $T_c^* M = \Lambda^{1,0}(M) \oplus \Lambda^{0,1}(M)$는 복소구조 $J = \pm i$의 고유공간(eigen space)이다.

(3) 만일 $\pi_i : E_i \to M$이 k_i차원 벡타번들이면 $i = 1, 2,$

$$E_1 \oplus E_2 = \bigcup_{x \in M} (E_{1x} \oplus E_{2x}) \to M,$$

$$E_1 \otimes E_2 = \bigcup_{x \in M} (E_{1x} \otimes E_{2x}) \to M$$

은 각각 $k_1 + k_2$, $k_1 \cdot k_2$차원 벡타번들이다.

여기서 $E_{ix} = \pi_i^{-1}(x)$, $i = 1, 2,$ 이다.

$E_1 \oplus E_2$을 **휘트니합**(Whitney sum) 번들,

$E_1 \otimes E_2$을 E_1과 E_2의 **텐서번들**(tensor bundle)이라 한다.

(4) $Gr(k, n; \mathbb{C}) = \{V \mid V$는 $\mathbb{C}^n$의 $k-$차원 복소부분공간$\}$라 하고,

$U(k, n; \mathbb{C}) = \{(V, v) \mid V \in Gr(k, n, \mathbb{C}),\ v \in V\}$라 하면

$$\pi : U(k, n : \mathbb{C}) \to Gr(k, n, \mathbb{C}),\ \pi((V, v)) = V$$

는 k-차원 복소벡타번들이다.
$U(k, n; \mathbb{C})$를 **전벡타번들**(universal vector bundle),
글라스만다양체(Grassmannian manifold) $Gr(k, n, \mathbb{C})$를 **분류공간**(classifying space)이라 한다.
왜냐하면 $n \gg 0$이 충분히 크면 임의의 k차원 복소벡타번들
$E \rightarrow M$에 대하여
맵 $f: M \rightarrow Gr(k, n, \mathbb{C})$이 존재하고 E와 $f^*(U(k, n, \mathbb{C}))$는 **번들동형**(bundle isomorphism)이다.

1.4 다양체의 매장(Embedding of Manifolds)

모든 다양체는 $\mathbb{R}^n$ 혹은 $\mathbb{C}^n$으로부터 구성되었다. 또한 $\mathbb{R}^n$과 $\mathbb{C}^n$이 다루기에 편하다. 그러면 k-차원 다양체 M이 매장될 수 있는 유클리트 공간 중에서 가장 작은 차원은 무엇일까?
증명없이 줄거리를 소개하자.

정리 1.4.1 휘트니매장정리(Whitney embedding theorem)
만일 M이 n-차원 콤팩트 미분다양체이면,
(1) M은 $\mathbb{R}^{2n+1}$에 스므스(smooth)하게 매장할 수 있다.
(2) 만일 $n > 0$이면 M을 $\mathbb{R}^{2n}$에 매장할 수 있다.
(3) 만일 $n > 1$이면 M을 $\mathbb{R}^{2n-1}$에 몰입(immersion)할 수 있다.

■

매장이 복소다양체에서는 완전히 다르다.

U를 복소평면 $\mathbb{C}$의 개부분집합이라 하고, 맵

$$f = u + iv : U \to \mathbb{C}$$

이 홀로몰픽이면 u와 v는 조화(harmonic)이다.

최대값원리(maximum modulus principle) **1.4.2**

만일 조화맵 $u: U \to \mathbb{R}$이 $u(a) \geq u(z)$, $z \in U$인 $a \in U$가 존재하면, 모든 $z \in U$에 대하여 $u(a) = u(z)$이다. 즉, u는 상수맵이다.

M을 $\mathbb{C}^n$의 연결콤팩트 복소부분다양체라고 하자. 좌표계의 사영맵 $\mathbb{C}^n \to \mathbb{C}$은 홀로몰픽이다.

그의 제한맵(restriction) $M \to \mathbb{C}$도 홀로몰픽이다.

각 좌표맵에 최대값원리를 사용하면 좌표맵이 상수맵이다. 따라서 M은 한점이다.

정리 1.4.3

$\mathbb{C}^n$의 연결, 콤팩트 복소부분다양체는 한 점이다. ■

제6장의 고다이라 매장정리를 따르면 복소사영공간의 복소부분다양체는 호지다양체(Hodge manifold)다. 초우정리(Chow theorem)에 의하여 부분다양체는 대수적(algebraic)이다.

즉, 동차다항식(homogeneous polynomial)들의 공동제로(common zero)들이다.

이 책의 주요 목표 중 하나가 호지다양체에서 호지추측(Hodge conjecture)을 다루는 것이다.

고다이라정리(Kodaira Theorem) **1.4.4**

콤팩트 호지다양체는 복소사영공간에 매장된다.

역으로 복소사영공간의 복소부분다양체는 호지다양체이다.

예제 1.4.5

$\Delta := \{ g^k | \, g : \mathbb{C}^n - \{0\} \to \mathbb{C}^n - \{0\},\ g(z) = 2z,\ k \in \mathbb{Z} \}$라 하자.

호프다양체(Hopf manifold)

$$M := \mathbb{C}^n - \{0\} \,/\, \Delta \,(\simeq S^1 \times S^{2n-1} \text{ 위상동형})$$

은 n-차원 콤팩트 복소다양체이지만 복소사영공간에 매장되지 못한다. 왜냐하면 M은 켈러다양체도 아니고, 호지다양체도 아니기 때문이다.

1.5 드람코호몰로지(de Rham Cohomology)

미분다양체의 드람코호몰로지는 다양체의 코탄젠트번들의 대역적 구조를 연구하는 것이다. 이로부터 미분다양체의 구조를 유도해내며, 다양체 연구의 기초가 된다.

정의 1.5.1

n-차원 유클리트벡타공간 $\mathbb{R}^n$에 대하여

(1) p-**텐서**(p-tensor)

$$T : \underbrace{\mathbb{R}^n \times \cdots \times \mathbb{R}^n}_{p} \to \mathbb{R}$$

는 p-선형맵(p-linear map)이다.

$\mathbb{R}^n$의 p-텐서의 집합을 $\bigotimes^p \mathbb{R}^{n*}$로 나타내자. 여기서 $\mathbb{R}^{n*}$는 $\mathbb{R}^n$의 듀알벡타공간이다.

(2) p-텐서 T가 $T^\sigma := (-1)^\sigma T$일 때 T를 p-**교대텐서**(alternating tensor)라 한다.

여기서 $\sigma \in S_p = \{\sigma : \{1, \cdots, p\} \to \{1, \cdots, p\}$는 전단사$\}$,

$T^\sigma(v_1, \cdots, v_p) = T(v_{\sigma(1)}, \cdots, v_{\sigma(p)})$이고

$$(-1)^\sigma = \begin{cases} 1 & \sigma\text{이 짝수순열(even permutation)} \\ -1 & \sigma\text{이 홀수순열(odd permutation)} \end{cases}$$

이다.

$\mathbb{R}^n$의 모든 p-교대텐서를 $\Lambda^p \mathbb{R}^{n*}$로 나타내자.

교대텐서맵(alternating tensor map)을

$$\mathrm{Alt} : \bigotimes^p \mathbb{R}^{n*} \to \Lambda^p \mathbb{R}^{n*},$$

$$T \mapsto \mathrm{Alt}(T) = \frac{1}{p!} \sum_{\sigma \in S_p} (-1)^\sigma T^\sigma$$

로 정의하자.

(3) **쐐기곱**(wedge product)는 맵

$$\wedge : \Lambda^n \mathbb{R}^{n*} \times \Lambda^q \mathbb{R}^{n*} \to \Lambda^{p+q} \mathbb{R}^{n*}, \; S \wedge T := \mathrm{Alt}(S \otimes T)$$

으로 정의한다.

정의 1.5.2

M을 n-차원 미분다양체라 하자.

(1) 스므스 섹션 $w: M \to \Lambda^p T^* M = \bigcup_{x \in M} \Lambda^p T_x^* M$,

$w(x) \in \Lambda^p T_x^* M$를 M상의 p-**폼**(p-form)이라 한다.

M상의 모든 p-폼을 $\mathcal{E}^p(M) := \Gamma(\Lambda^p T^* M)$로 쓰자.

여기서 $\mathcal{E}^0(M) := \{\phi | \phi : M \to \mathbb{R}$ 스므스맵$\}$이다.

(2) 직합(direct sum)

$$\mathcal{E}^{\bullet}(M) := \mathcal{E}^0(M) \oplus \mathcal{E}^1(M) \oplus \cdots \oplus \mathcal{E}^n(M)$$

은 연산자 $+$와 $\wedge$에 의하여 대수(algebra)가 된다.

$(\mathcal{E}^{\bullet}(M), +, \wedge)$를 **외대수**(exterior algebra)라 한다.

예제 1.5.3

좌표맵 $x_i: \mathbb{R}^n \to \mathbb{R}$, $x_i(a_1, \cdots, a_n) = a_i$, $i = 1, \cdots, n$는 0-폼이다.

미분 dx_i는 1-폼이며 $\{dx_1, \cdots, dx_n\}$는 $\mathcal{E}^1(M)$의 $\mathcal{E}^0(\mathbb{R}^n)$ 상에서 기저이고 $\left\{dx_i \wedge \cdots \wedge dx_{i_p} : 1 \le i_1 < i_2 \cdots < i_p \le n\right\}$는 $\mathcal{E}^p(\mathbb{R}^n)$의 $\mathcal{E}^0(\mathbb{R}^n)$상의 기저이다.

정의 1.5.4

스므스맵 $f: M \to N$에 대하여 맵 $f^*: \mathcal{E}^p(N) \to \mathcal{E}^p(M)$, $w \in \mathcal{E}^p(N)$, $x \in M$, $v_1, \cdots, v_p \in T_x M$에 대하여

$$\begin{aligned} f^*(w)(x)(v_1, \cdots, v_p) &:= df_x^*(w(f(x)))(v_1, \cdots, v_p) \\ &= w(f(x))(df_x v_1, \cdots, df_x v_p) \end{aligned}$$

로 정의한다.

$f^*(w)$를 f에 의한 w의 **당김**(pullback)이라 한다.

주의

만일 맵 $f: M \to N$와 $g: N \to P$가 스므스이면

(1) $f^*: \mathcal{E}^\bullet(N) \to \mathcal{E}^\bullet(M)$은 **대수준동형**(algebra homomorphism)이다.

(2) $(g \circ f)^* = f^* \circ g^*$이다.

정의 1.5.5

U를 $\mathbb{R}^n$의 개집합, $w = \sum a_I dx_I$을 p-폼이라 하자. 여기서 $a_I: U \to \mathbb{R}$는 스므스맵이고 $dx_I = dx_i \wedge \cdots \wedge dx_{i_p}$이다.

w의 **외미분**(exterior derivative)는 $(p+1)$-폼 $dw := \sum da_I \wedge dx_I$로 정의한다.

주의

$\mathbb{R}^n$의 개집합 U상에서

(1) $w \in \mathcal{E}^p(U)$이면 $d(w \wedge \theta) = dw \wedge \theta + (-1)^p w \wedge d\theta$,

(2) $d(dw) = 0$,

(3) 만일 $f: U \to V$이 미분동형이면 $f^* \circ d = d \circ f^*$이다.

실제로 f가 스므스일 때도 성립한다(1.5.7 (5)).

정의 1.5.6

M이 n-차원 미분다양체, $w \in \mathcal{E}^p(M)$이고 $\phi: U \to M$을 매개맵이라고 하자.

$\phi(U) \subset M$상에서 **외미분**(exterior derivative) d를

$$dw := \phi^{-1}(d(\phi^* w))$$

로 정의한다.

정리 및 연습문제 1.5.7

M을 미분다양체라 하자.

(1) $d(w_1 + w_2) = dw_1 + dw_2$,

(2) $d(w \wedge \theta) = dw \wedge \theta + (-1)^p w \wedge d\theta,\ w \in \mathcal{E}^p(M)$,

(3) $d(dw) = 0$,

(4) 만일 $f : M \to \mathbb{R}$이 스므스이면 $df \in w \in \mathcal{E}^1(M)$,

(5) 만일 $g : M \to N$이 스므스맵이고 $\alpha \in w \in \mathcal{E}^p(N)$이면,

$d(g^* \alpha) = g^* (d\alpha)$이다. ■

M을 미분다양체라 하자. 정의1.5.5에서 외미분 d를 국소적으로 정의하였지만 대역적으로 M상에서 잘 정의된다.

정의 1.5.8

M상의 외미분 $d : \mathcal{E}^p(M) \to \mathcal{E}^{p+1}(M)$에 대하여

(1) $dw = 0$이면 w을 **닫힌폼**(closed form)이라 하며,

(2) $\sigma \in \mathcal{E}^{p+1}(M)$일 때 $d\sigma$를 **완전폼**(exact form)이라 하고,

(3) $H^p(M;\mathbb{R}) := \dfrac{\mathrm{Ker}\ d : \mathcal{E}^p(M) \to \mathcal{E}^{p+1}(M)}{\mathrm{Im}\ d : \mathcal{E}^{p-1}(M) \to \mathcal{E}^p(M)}$

를 M의 p-번째 **드람코호몰로지**(de Rham cohomology)로 정의한다.

맵 $f: M \to N$을 미분다양체 상의 스므스라 하자.
다이어그램

$$\begin{array}{ccccccc} \longrightarrow & \mathcal{E}^{p-1}(N) & \xrightarrow{d} & \mathcal{E}^{p}(N) & \xrightarrow{d} & \mathcal{E}^{p+1}(N) & \longrightarrow \\ & \downarrow f^* & & \downarrow f^* & & \downarrow f^* & \\ \longrightarrow & \mathcal{E}^{p-1}(M) & \xrightarrow{d} & \mathcal{E}^{p}(M) & \xrightarrow{d} & \mathcal{E}^{p+1}(M) & \longrightarrow \end{array}$$

은 교환, $d \circ f^* = f^* \circ d$이므로, 유도된 맵

$$f^* : H^p(N;\mathbb{R}) \to H^p(M;\mathbb{R})$$

이 잘 정의된다.

정리 1.5.9

맵 $f: M \to N$, $g: N \to P$가 미분다양체 상의 스므스면

$$(g \circ f)^* = f^* \circ g^*,\ I_M^* = I_{H^p(M)}$$

이다. ■

다양체 상의 적분은 다양체의 매개화, 당김으로 유클리트공간에서 적분, 단위분할(partition of unity)를 이용하여 정의한다. 유용한 정리를 증명없이 소개하자.

스톡스정리(Stockes theorem) **1.5.10**

M이 n-차원 방향미분다양체이고 $w \in \mathcal{E}^{n-1}(M)$이면

$$\int_M dw = \int_{\partial M} w$$

이다.

포앙카레 보조정리(Poincaré lemma) **1.5.11**

$B \subset \mathbb{R}^n$을 개단위볼(open unit ball)이면 선형 맵

$h_k : \mathcal{E}^k(B) \to \mathcal{E}^{k-1}(B)$이 존재하여

$$h_{k+1} \circ d + d \circ h_k = I_{\mathcal{E}^k(B)}$$

을 만족한다. ■

주의

(1.5.11)은 $H^k(B;\mathbb{R}) = 0,\ k > 0$을 말해주고, 쉪이론에 중요한 역할을 한다.

1.6 특성류(Characteristic Classes)

파이버 F의 차원이 k인 k-차원 벡타번들 $F \longrightarrow E \xrightarrow{\pi} M$의 위상을 나타내는 특성류를 증명없이 개괄적으로 설명하고자 한다. 구체적이고 자세한 것은 참고문헌을 참고하시오. 여기서 벡타번들은 문맥에 따라서 복소벡타번들 혹은 실벡타번들로 이해하자.

정의 및 정리 1.6.1

k-차원 벡타번들 $F \longrightarrow E \longrightarrow M$에 대하여 특성류(characteristic classes)를 아래와 같이 정의한다.

(1) **스티펠-휘트니류**(Stiefel-Whitney class):

$$w_i(E) := w_i \in H^i(M;\mathbb{Z}_2),\ i = 0, 1, \cdots, k,$$

(2) **천류**(Chern class):

$$c_i(E) := c_i \in H^{2i}(M;\mathbb{Z}),\ i = 0, 1, \cdots, k,$$

(3) **폰트리아긴류**(Pontrjagin class):

$$p_i(E) := p_i \in H^{4i}(M;\mathbb{Z}),\ i = 0, 1, \cdots, \left[\frac{n}{2}\right],$$

(4) **오일러류**(Euler class):

$$e(E) := e \in H^k(M;\mathbb{Z}).$$

주의

(1) (1.6.1)의 (1), (3), (4)의 E는 실벡타번들이고, (2)의 E는 복소벡타번들이다.

(2) 특히 $E = TM$일 때 M이 방향가(orientable)일 필요충분조건은 $w_1(E) = 0$이다.

방향가인 다양체 M이 스핀다양체일 필요충분조건은 $w_2(E) = 0$이다.

스핀다양체(spin manifold)는 디락연산자(Dirac operator)를 유도한다.

(3) $p_i(E) := (-1)^i c_{2i}(E \bigotimes_{\mathbb{R}} \mathbb{C})$로 정의한다.

(4) $c_k(E) = e(E) \in H^{2k}(M;\mathbb{Z})$이고

$c_i(E) = w_{2i}(E) \mod 2$이다.

정리 1.6.2

k-차원 벡타번들 $F \longrightarrow E \longrightarrow M$에 대하여

(1) $w_0 = 1,\ c_0 = 1,\ p_0 = 1$이다.

(2) 맵 $f: N \to M$에 대하여

(i) $f^*(w_i(E)) = w_i(f^*(E))$,

(ii) $f^*(c_i(E)) = c_i(f^*(E))$,

(iii) $f^*(p_i(E)) = p_i(f^*(E))$,

(iv) $f^*(e(E)) = e(f^*(E))$.

(3) 전특성류(total characteristic classes)에 대하여

(i) $w(E_1 \oplus E_2) = w(E_1) \cdot w(E_2)$,

(ii) $c(E_1 \oplus E_2) = c(E_1) \cdot c(E_2)$,

(iii) $e(E_1 \oplus E_2) = e(E_1) \cdot e(E_2)$,

(iv) $p(E_1 \oplus E_2) = p(E_1) \cdot p(E_2) \pmod 2$.

여기서 k-차원 복소벡타번들 E의 전천류(total Chern class)는

$c(E) = 1 + c_1(E) + \cdots + c_k(E)$이다. ■

계산할 때 위수 k인 복소벡타번들 E는 **분리원리**(splitting principle)에 의하여 라인번들의 휘트니합 $E = L_1 \oplus \cdots \oplus L_k$로 두고 계산하면 편리하다.

이때 $c(E) = c(L_1) \cdots c(L_k)$, $\quad x_i = c_1(L_i)$,

$= (1 + x_1) \cdots (1 + x_k)$이고,

$c_1(E) = x_1 + \cdots + x_k, \cdots, c_k(E) = x_1 \cdots x_k$이다.

정의 및 정리 1.6.3

M상의 복소벡타번들의 집합 $(K(M),\ \oplus,\ \otimes)$은 K-**환**(K-ring)이 된다.

(1) **천캐랙터**(Chern charactor)

$$\mathrm{ch}: K(M) \to H^*(M;\mathbb{Q})$$

$$\mathrm{ch}(E) := \sum_{i=1}^{k} e^{x_i},\ E\text{는 } k\text{-차원 복소벡타번들,}$$

$$= k + (x_1 + \cdots + x_k) + \frac{1}{2}(x_1^2 + \cdots + x_k^2) + \frac{1}{3!}(\cdots)$$

$$= k + c_1(E) + \frac{1}{2}(c_1(E)^2 - 2c_2(E)) + \cdots$$

로 정의한다.

$$\mathrm{ch}(E_1 \oplus E_2) = \mathrm{ch}(E_1) + \mathrm{ch}(E_2),$$

$$\mathrm{ch}(\mathrm{E}_1 \otimes \mathrm{E}_2) = \mathrm{ch}(\mathrm{E}_1) \cdot \mathrm{ch}(\mathrm{E}_2)$$

이므로 ch는 환준동형(ring homomorphism)이다.

(2) **토드류**(Todd class)는

$$\mathrm{td}: K(M) \to H^*(M;\mathbb{Q})$$

$$\mathrm{td}(E) = \prod_{i=1}^{k} \frac{x_i}{1 - e^{-x_i}},\ k\text{는 } E\text{의 위수(파이버의 차원),}$$

$$= 1 + \frac{1}{2}c_1(E) + \frac{1}{12}(c_1^2(E) + c_2(E)) + \cdots$$

로 정의한다.

(3) $\mathbb{R}^k = F \longrightarrow E \stackrel{\pi}{\longrightarrow} M$을 k차원 방향벡타번들이라 하고 $E_0 := E - (0-\text{섹션}),\ E_x = \pi^{-1}(x),\ E_{x0} = E_x - \{0\}$라 하자.

(ⅰ) **기본코호몰로지류**(fundamental cohomology class)

$$u \in H^k(E, E_0 ; \mathbb{Z})$$

가 유일하게 존재하여 다음을 만족한다.

(a) 각 점 $x \in M$에 대하여 제한맵

$$H^k(E, E_0 ; \mathbb{Z}) \to H^k(E_x, E_{x0} ; \mathbb{Z}) = \mathbb{Z}$$

의 상 $u \mapsto u_x$은 **생성원**(generator)이다.

(b) 맵 $u \cup : H^i(E ; \mathbb{Z}) \to H^{k+i}(E, E_0 ; \mathbb{Z}),\ a \mapsto u \cup a$

은 동형(isomorphism)이다.

이때 $u \cup$을 **톰동형**(Thom isomorphism)이라 하고 u를 **톰류**(Thom class)라 한다.

(c) 제한맵

$$\begin{array}{ccccc} H^k(E, E_0 ; \mathbb{Z}) & \xrightarrow{|_E} & H^k(E ; \mathbb{Z}) & \xrightarrow[\simeq]{(\pi^*)^{-1}} & H^k(M ; \mathbb{Z}) \\ u & \mapsto & u|_E & \to & (\pi^*)^{-1}(u|_E) = e(E) := e \end{array}$$

의 u의 상은 E의 **오일러류**(Euler class) $e(E)$이다.

(ⅱ) 포함맵 $E_0 \to E \to (E, E_0)$에 대한 긴완전열(long exact sequence)는 E의 **기신열**(Gysin sequence)

$$\longrightarrow H^i(M ; \mathbb{Z}) \xrightarrow{e \cup} H^{i+n}(M ; \mathbb{Z}) \longrightarrow H^{i+n}(E_0 ; \mathbb{Z})$$

$$\longrightarrow H^{i+1}(M ; \mathbb{Z}) \xrightarrow{e \cup} \cdots$$

을 유도한다.

아티야-싱어 지표정리(Atiyah-Singer index theorem) **1.6.4**

E_0, $E_1 \in K(M)$, M은 n-차원 콤팩트 미분다양체,

$D: \Gamma(E_0) \to \Gamma(E_1)$이 엘립틱연산자(elliptic operator)라 하자.

D의 지표(index)는

$$\begin{aligned}\mathrm{Index}(D) &= \dim \mathrm{Ker} D - \dim \mathrm{Coker} D \\ &= (-1)^{n(n+1)/2} \frac{\mathrm{ch}(E_0 - E_1) \cdot \mathrm{td}(TM \otimes \mathbb{C})}{e(TM)} [M]\end{aligned}$$

이다. ■

주의

정리1.6.4는 엘립틱 편미분방정식의 해집합의 차원, 모듀라이공간의 차원을 구하는데 쓰인다.

CHAPTER 02

쉪코호몰로지(Sheaf Cohomology)

2.1 쉪(Sheaf)

쉪코호몰로지는 벡타번들의 구성, 메트릭, 콘넥션 등, 복소기하학에서 방해(obstruction)요소로 나타나며, 그 방해요소는 편미분방정식, 특히 미분형식으로부터 유도된 분해(resolution)을 이용하여 코호몰로지를 구할 수 있다.

정의 2.1.1

M을 미분다양체라 하자.

M상의 아벨군의 **준쉪**(presheaf) P는 역공변함수자(contravariant functor)

$$P: \mathscr{U} = \{U \mid U: M\text{의 개집합}\} \to \mathscr{A} = \{A \mid A: \text{아벨군}\}$$

$$U \mapsto P(U)$$

로서 다음을 만족해야 한다 :

(1) 각 $V \subset U$에 대하여 제한맵(restriction) $r_V^U: P(U) \to P(V)$은 준동형(homomorphism)이다.

(2) 개집합 $W \subset V \subset U$에 대하여 : $P(U) \to P(V) \to P(W)$, $r_W^V \circ r_V^U = r_W^U$, $r_U^U = I_{P(U)}$이다.

정의 2.1.2

M상의 아벨군의 **쉪**(sheaf)은 위상공간 S와 맵 $\pi: S \to M$으로서 다음을 만족해야 한다:

(1) π는 국소위상동형(local homeomorphism)이다.

(2) 각 점 $x \in M$의 원상 $\pi^{-1}(x) := S_x$는 아벨군이다. 이 S_x를 x 상의 **스탁**(stalk)이라 한다.

(3) S의 위상에서 각 스탁의 군작용은 연속이다.

U가 M의 개집합일 때,

$$\Gamma(U, S) = \{ f : U \to S \text{은 연속이고}, \ \pi \circ f = I_U \}$$

을 U상 쉪 S의 **섹션집합**(set of sections of S on U)이라 한다.

만일 $f, g \in \Gamma(U, S)$이면,

$$(f - g)(x) = f(x) - g(x), \ x \in U$$

라 정의하고, $\Gamma(U, S)$는 아벨군이 된다.

이때 $o \in \Gamma(U, S)$, $o(x) = 0 \in S_x$, $x \in U$은 **제로섹션**(zero section)이라 한다.

주의

(1) 만일 P가 M상의 아벨군의 준쉪이면 각 점 $x \in M$에 대하여 **극한집합**(limit set) $S_x := \varinjlim_{x \in U} P(U)$의 합집합을 $S = \bigcup_{x \in M} S_x$라 하면

$$\pi : S \longrightarrow M$$

은 자연스런 쉪이 된다.

이때 S를 P의 **쉪화**(sheafication)이라 한다.

(2) 만일 $\pi: S \longrightarrow M$이 아벨군의 쉎이면 각 개집합 $U \subset M$에 대하여 $P(U) := \Gamma(U, S)$라 하고
$V \subset U$일 때 $r_V^U: P(U) \to P(V)$를 제한맵(restriction)이라 하면 P는 M상의 아벨군의 준쉎이 된다.
또한 P의 쉎화는 S와 **쉎동형**(isomorphism of sheaves)이다.

예제 2.1.3

M을 미분다양체 혹은 복소다양체라 하자.
(1) A가 $\mathbb{R}$ 혹은 $\mathbb{C}$, 등의 아벨군일 때,
M의 각 개집합 U에 대하여 $A(U) = A$라 하면 A는 쉎이 되고,
이때 A를 **상수쉎**(constant sheaf)라 한다.
(2) M의 각 개집합 U에 대하여,
$\mathcal{E}(M)(U) := \{U \to A$: 스므스맵$\}$이라 하고,
$\mathcal{O}(M)(U) := \{U \to \mathbb{C}$: 홀로모르픽맵$\}$이라 하면,
$\mathcal{E}(M)$과 $\mathcal{O}(M)$은 M상에서 쉎이 된다.
이때 $\mathcal{E}(M)$과 $\mathcal{O}(M)$을 M의 **구조쉎**(structure sheaf)이라 한다.
(3) M이 n-차원 복소다양체라 하자.
M상의 (p, q)-폼의 집합
$\mathcal{E}^{p,q}(M) = \Gamma(\Lambda^{p,q} T_{\mathbb{C}}^* M)$, $0 \le p, q \le n$은 쉎이 된다.

$$\bar{\partial}: \mathcal{E}^{p,q}(M) \to \mathcal{E}^{p,q+1}(M)$$

의 핵(kernel)을 $\bar{\partial}^{-1}(0) := C^{p,q}(M)$라 하면 $C^{p,q}(M)$은 홀로몰픽 (p, q)-타입 폼들의 쉎이 된다.

정의 2.1.4

$\pi_1 : S_1 \to M$과 $\pi_2 : S_2 \to M$을 M상의 쉪이라 하자.

(1) 맵 $\phi : S_1 \to S_2$가 연속이며, $\pi_1 = \pi_2 \circ \phi$이며 각 $x \in M$에서 $\phi_x : S_{1x} \to S_{2x}$가 준동형맵일 때 ϕ를 **쉪준동형맵**(sheaf homomorphism)이라 한다.

(2) M상의 쉪 중동형맵

$$0 \longrightarrow S_1 \xrightarrow{\phi_1} S_2 \xrightarrow{\phi_2} S_3 \longrightarrow 0$$

이 **완전열**(exact sequence)란 각 점에서 스탁이 완전열일 때이다.
이때 S_1을 S_2의 **부분쉪**(subsheaf)이라 하고
S_3를 S_2의 **상쉪**(quotient sheaf)라 한다.

예제 2.1.5

예제2.1.3의 (3)에서

$$0 \longrightarrow C^{p,q}(M) \xrightarrow{i} \mathcal{E}^{p,q}(M) \xrightarrow{\bar{\partial}} C^{p,q+1}(M) \longrightarrow 0$$

은 쉪들의 완전열이다.

왜냐하면, i는 포함맵(inclucion)이고, 돌보-글로텐딕 정리(Dolbeault-Grothendieck theorem)(2.1.8)에 의하여 $\bar{\partial}$는 전사(surjective)이다.

정의 2.1.6

M상의 쉪 S의 **분해**(resolution)은 M상의 쉪열

$$0 \longrightarrow S \xrightarrow{\phi_1} S^0 \xrightarrow{\delta} S^1 \xrightarrow{\delta} S^2 \longrightarrow \cdots$$

로서 (1) $\delta^2=0$, (2) 완전열

을 만족해야 한다.

예제 2.1.7

M을 n-차원 콤팩트 연결 복소다양체라 하자.

$\mathcal{E}^k(M)$을 복소수에서 값을 갖은 k-폼의 공간이라 하자.

(1) $0 \longrightarrow \mathbb{C} \longrightarrow \mathcal{E}^0(M) \xrightarrow{d} \mathcal{E}^1(M) \longrightarrow \cdots$

은 상수쉪 $\mathbb{C}$의 분해이다.

(2) $\mathcal{E}^{p,q}(M)$을 M상의 (p,q)-폼의 공간이라 하자.

$$(*)\ 0 \longrightarrow \Omega^p(M) \xrightarrow{i} \mathcal{E}^{p,0}(M) \xrightarrow{\bar\partial} \mathcal{E}^{p,1}(M) \xrightarrow{\bar\partial} \cdots \longrightarrow \mathcal{E}^{p,n}(M) \longrightarrow 0$$

여기서 $\Omega^p(M) = \mathrm{Ker}\,[\,\bar\partial : \mathcal{E}^{p,0}(M) \to \mathcal{E}^{p,1}(M)\,]$

은 홀로몰픽 $(p,0)$-폼의 쉪이다.

이때 $\bar\partial^2 = 0$이다.

(3) $\Omega^0(M) = \mathcal{O}(M)$을 M상의 홀로몰픽 구조쉪이라 하자.

$$0 \longrightarrow \mathbb{C} \longrightarrow \Omega^0(M) \xrightarrow{\partial} \Omega^1(M) \xrightarrow{\partial} \cdots \xrightarrow{\partial} \Omega^n(M) \longrightarrow 0$$

은 상수쉪 $\mathbb{C}$의 분해이다. 여기서 $\partial = d = \partial + \bar\partial$이다.

왜냐하면 $\bar\partial(\Omega^k(M)) = 0$이기 때문이다.

글로텐딕-포앙카레 정리(Grothendieck-Poincaré theorem) **2.1.8**

$D \subset \mathbb{C}^n$이 단위구이고 $\alpha \in \mathcal{E}^{p,q}(D)$로서 $\bar\partial\alpha = 0$이면

$\beta \in \mathcal{E}^{p,q-1}(D')$, $D' \subset D$가 존재하여 $\bar{\partial}\beta = \alpha$이다. ■

(2.1.8)에 의하여 (*)는 완전열이다.

따라서 (*)는 $\Omega^p(M)$의 분해(resolution)이다.

주의

(1) 원소 $\alpha \in \Omega^{p,q}(U)$은 국소적으로

$\alpha = \sum_{\substack{|I|=p \\ |J|=q}} \alpha_{I,J} dz_I \wedge \overline{dz_J}$, $\alpha_{I,J} \in \mathcal{E}(U)$이다.

(2) 원소 $\alpha \in \Omega^p(U)$는 $\alpha = \sum_{|I|=p} \alpha_I dz_I$, $\alpha_I \in \mathcal{O}(U)$이다.

2.2 쉽코호몰로지(Sheaf Cohomology)

M상의 쉪완전열 $0 \to G \to B \to C \to 0$에 대하여,

$$0 \to G(M) \to B(M) \to C(M) \to 0$$

은 $C(M)$에서 완전(exact)이 아닐 수 있다.

코호몰로지는 $C(M)$에서 얼마나 비완전성(inexactness)인가?의 양(amount)이라 할 수 있다.

S를 M상의 쉪이라 하고, $F \subset M$을 폐(closed)부분집합일 때,

$$S(F) := \varinjlim_{F \subset U} S(U)$$

로 정의하자.

정의 2.2.1

M상의 쉪 S가 **소프트**(soft)란 임의의 폐집합 $F \subset M$에 대하여

$$S(M) \to S(F)$$

가 전사임을 의미한다.

정리 2.2.2

$0 \to G \to B \to C \to 0$이 M상의 쉪완전열이고 G가 소프트이면,

$$0 \to G(M) \to B(M) \to C(M) \to 0$$

도 완전열이다. ■

예제 및 연습문제 2.2.3

(1) $\mathcal{E}(M)$와 $\mathcal{E}^{p,q}(M)$는 소프트쉪이다.

(2) 만일 R이 소프트쉪이면 R-모듈(module)쉪도 소프트이다.

(3) 홀로몰픽맵쉪 $\mathscr{O}(M)$은 소프트가 아니다.

(4) 상수쉪은 소프트가 아니다.

(4) M을 n-차원 콤팩트 복소다양체라 하자.
M의 모든 $(n+2)$개의 교집합이 공집합(empty set)인 개피복(open cover)이 존재한다. ■

다양체 M은 파라콤팩트(paracompact)이고 하우스돌프(Hausdorff)이므로 국소유한피복(locally finite open cover) $\mathscr{U} = (U_i)$가 존재한다. $\mathscr{U}$의 **너브**(nerve) $N(\mathscr{U})$는 **단순복체**(simplicial complex)가 된다. 너브 정의는 아래와 같다:

$\mathscr{U}$의 각 원소 U_i는 **꼭지점**(vertex)이고, q-차원 **심플렉스**(q-dimensional simplex) $\sigma := (U_{i_o}, U_{i_1}, \cdots, U_{i_q})$는 $\mathscr{U}$의 $q+1$원소로서 교집합 $U_{i_0} \cap U_{i_1} \cap \cdots \cap U_{i_q} \neq \phi$이다.

$\pi : S \to M$을 아벨군의 쉽이라 하자.

$N(\mathscr{U})$의 q-**코체인**(q-cochain) f는 각 q-심플렉스 σ에 대하여 $f(\sigma) \in \Gamma(U_{i_0} \cap \cdots \cap U_{i_q}, S)$는 섹션이다.

q-코체인의 유한합집합 $C^q(N(\mathscr{U}), S)$는 아벨군이 된다.

코바운다리연산자(coboundary operator)

$$\delta_q : C^q(N(\mathscr{U}), S) \to C^{q+1}(N(\mathscr{U}), S)$$

는 각 $f \in C^q(N(\mathscr{U}), S)$와 $\sigma = (U_0, \cdots, U_{q+1}) \in N(\mathscr{U})$에 대하여

$$\delta_q(f)(\sigma) = \sum_{i=0}^{q+1} (-1)^i f(U_0, \cdots, U_{i-1}, U_{i+1}, \cdots, U_{q+1})$$

로 정의하고, 선형확장(linear extension)한 연산자이다.

보조정리 2.2.4

$\delta_{q+1} \circ \delta_q = 0$, $q \geq 0$이다.

정의 2.2.5

(1) $Z^q(N(\mathscr{U}), S) = \mathrm{Ker}\,\delta_q$을 q-**코사이클군**(q-cocycle group)이라 한다.

(2) $B^q(N(\mathscr{U}), S) = \mathrm{Im}\,\delta_{q-1}$을 q-**코바운다리군**(q-coboundary group)이라 한다.

(3) $H^q(N(\mathscr{U}), S) = \dfrac{Z^q(N(\mathscr{U}), S)}{B^q(N(\mathscr{U}), S)}$을 쉽 S에서 계수를 갖는 너브 $N(\mathscr{U})$의 q-번째 **코호몰로지군**(q-th cohomology group of $N(\mathscr{U})$ with

coefficient sheaf S)이라 한다.

위의 정의는 **체크**(Čech)에 의해서 개발되었다.

정리 및 연습문제 2.2.6

(1) M의 개피복(open cover) $\mathscr{U}$의 너브 $N(\mathscr{U})$에 의해서 쉪 S에서 계수를 갖은 코호몰로리가 정의되었다.

개피복들의 직접계(direct system)의 극한

$$\varinjlim_{\mathscr{U}} H^q(N(\mathscr{U}); S) := H^q(M; S)$$

은 S의 분해(resolution)에 의하여 정의된 S에서 계수를 갖는 코호몰로리 $H^q(M, S)$와 같다.

(2) $H^0(N(\mathscr{U}); S) = H^0(M; S) = \Gamma(M; S)$이다.

(3) 만일 쉪 S가 소프트이면, $H^q(M; S) = 0$, $q \geq 1$이다. ■

(2.2.6)의 (1)을 자세히 살펴보자.

$S \to M$을 아벨군의 쉪이라 하자.

쉪 $C^0(S)$를 각 M의 개집합 U에 대하여 $C^0(S)(U) = \Gamma(U, S)$로 정의한다. 여기서 섹션은 연속일 필요가 없다.

상쉪 $F^1(S) = C^0(S)/S$로부터 $C^1(S) = C^0(F^1(S))$로 정의한다. 귀납법으로

$$F^k(S) = C^{k-1}(S)/F^{k-1}(S), \ C^k(S) = C^0(F^k(S))$$

로 정의한다.

구성으로부터 쉪의 완전열:

$$0 \to S \to C^0(S) \to F^1(S) \to 0,$$

$$0 \to F^k(S) \to C^k(S) \to F^{k+1}(S) \to 0$$

을 짜맞추면 긴완전열(long exact sequence)

$$0 \to S \to C^0(S) \to C^1(S) \to \cdots$$

이 된다. ($*$)를 S의 **표준소프트분해**(canonical soft resolution)이라 부른다. 전체 M에서 섹션집합 $\Gamma(M, C^k(S)) := C^k(M, S)$라 두면

$$0 \to \Gamma(M, S) \to C^0(M, S) \to C^1(M, S) \to \cdots$$

아벨군의 **코체인복체**(cochain complex)를 얻는다.

정의 2.2.7

$S \to M$이 M상의 아벨군의 쉪이라 하자.

$$H^k(M, S) := \frac{\mathrm{Ker}\left[C^k(M, S) \to C^{k+1}(M, S)\right]}{\mathrm{Im}\left[C^{k-1}(M, S) \to C^k(M, S)\right]}, \ C^{-1}(M, S) = \{0\}$$

을 S에서 계수를 갖는 M의 k-번째 **쉪코호몰로지군**(sheaf cohomology group)이라 부른다.

정리 및 연습문제 2.2.8 다음은 쉪코호몰로지군의 기본성질이다. $S \to M$을 아벨군쉪이라 하자.

(1) (i) $H^0(M; S) = \Gamma(M, S)$,

(ii) 만일 S가 소프트이면 $H^k(M; S) = 0, \ k \geq 1$

(2) 만일 $\phi: G \to B$가 M상의 쉪준동형이면

$$\phi^k: H^k(M; G) \to H^k(M, B), \ k \geq 0$$

은 군의 준동형이며

(i) $\phi^0 = \phi_* \ : G(X) \to B(X), \ \phi^0(h) = \phi \circ h$,

(ii) $\phi^k = I$, 여기서 $\phi = I$: $G \to G$는 항등맵,

(iii) $(\psi \circ \phi)^k = \psi^k \circ \phi^k$, 여기서 ψ: $B \to C$은 쉎준동형이다.

(3) 만일 $0 \to G \to B \to C \to 0$이 쉎의 완전열(exact sequence of sheaves)이면

(i) 준동형 δ^k : $H^k(M; C) \to H^{k+1}(M; G)$, $k \geq 0$이 존재하여

$$0 \longrightarrow H^0(M; G) \longrightarrow H^0(M; B) \longrightarrow H^0(M; C) \xrightarrow{\delta^0} H^1(M; G) \longrightarrow \cdots$$

$$\longrightarrow H^k(M; G) \longrightarrow H^k(M; B) \longrightarrow H^k(M; C) \xrightarrow{\delta^k} H^{k+1}(M; G) \longrightarrow \cdots$$

은 긴완전열이 된다.

(ii) 만일 완전열의 다이야그램 $\begin{array}{ccccccccc} 0 & \to & G & \to & B & \to & C & \to & 0 \\ & & \downarrow & & \downarrow & & \downarrow & & \\ 0 & \to & G' & \to & B' & \to & C' & \to & 0 \end{array}$

이 교환이면, 아래 다이어그램도 교환이다.

$$\begin{array}{ccccccccc} 0 \longrightarrow & H^0(M; G) & \longrightarrow & H^0(M; B) & \longrightarrow & H^0(M; C) & \longrightarrow & H^1(M; G) & \longrightarrow \cdots \\ & \downarrow & & \downarrow & & \downarrow & & \downarrow & \\ 0 \longrightarrow & H^0(M; G') & \longrightarrow & H^0(M; B') & \longrightarrow & H^0(M; C') & \longrightarrow & H^1(M; G) & \longrightarrow \cdots \end{array}$$

도 긴완전열의 교환다이어그램이다. ■

주의

(1) 위의 정리2.2.8은 다이어그램 추적(diagram chasing)으로 직접 증명하거나 참고문헌을 참고하길 바란다.

(2) 또한 정리2.2.8을 쉎코호몰로지의 공준(axiom)으로 사용할 수 있다. 또한 쉎코호몰로지의 공준을 만족하는 코호몰로지의 존재성(existence)과 유일성(uniqueness)을 참고문헌에서 확인할 수 있다.

(3) 다음의 짧은완전열(short exact sequence)의 예로서

$$0 \longrightarrow \mathbb{Z} \longrightarrow \mathcal{E} \xrightarrow{\exp} \mathcal{E}^* \longrightarrow 1,$$

$$0 \longrightarrow \mathbb{Z} \longrightarrow \mathcal{O} \xrightarrow{\exp} \mathcal{O}^* \longrightarrow 1,$$

$$0 \longrightarrow \mathcal{O}^* \longrightarrow \mathcal{M}^* \longrightarrow \mathcal{M}^* / \mathcal{O}^* \longrightarrow 0,$$

$$0 \longrightarrow C^{p,q}(M) \longrightarrow \mathcal{E}^{p,q}(M) \xrightarrow{\bar{\partial}} C^{p,q+1}(M) \longrightarrow 0$$

는 유용하며, 다음에 이용할 것이다.

CHAPTER 03 복소벡타번들의 기하 (Geometry of Complex Vector Bundle)

3.1 복소벡타번들(Complex Vector Bundles)

M을 미분다양체 혹은 복소다양체라 하고, $\mathbb{C}^k$을 복소 k-차원 복소 벡타공간이라 하자.

일반복소선형군(general complex linear group)

$GL(k, \mathbb{C}) := \{g \mid g : \mathbb{C}^k \to \mathbb{C}^k \text{ 복소동형}\}$는 $\mathbb{C}^k$상에서 작용한다.

작용 $GL(k, \mathbb{C}) \times \mathbb{C}^k \to \mathbb{C}^k$

$(g, z) \mapsto g \cdot z$는

$$(gh) \cdot z = g \cdot (h \cdot z),\ I \cdot z = z,\ z \in \mathbb{C}^k,\ g, h, I \in GL(k, \mathbb{C})$$

을 만족한다.

정의 3.1.1

M상의 k-차원 **복소벡타번들**(complex vector bundle)은 다음과 같이 구성되어 있다:

연속인 **사영맵**(projection) $\pi : E \to M$이

(1) 각 점 $x \in M$은 근방 U를 갖으며 번들동형맵

$$\phi_U : U \times \mathbb{C}^k \to \phi^{-1}(U),$$

$$\pi \circ \phi_U(y, v) = y,\ y \in U,\ v \in \mathbb{C}^k$$

이 존재한다. $\phi^{-1}(x) \simeq \mathbb{C}^k$를 파이버(fiber)라 한다.

(2) 두 개집합의 교집합 $U \cap V$에서 C^∞-맵

$g_{UV} : U \cap V \to GL(k, \mathbb{C})$ 존재하고,

$\phi_U(x, v) = \phi_V(x, v')$, $x \in U \cap V$, $v, v' \in \mathbb{C}^k$이면

$g_{UV}(x)v = v'$을 만족한다.

g_{UV}을 **변환맵**(transition map)이라 하고

$$\begin{cases} g_{UV}^{-1} = g_{VU} & , U \cap V\text{에서}, \\ g_{UV}g_{VW}g_{WU} = I, & U \cap V \cap W\text{에서} \end{cases}$$

을 만족한다.

정의 및 예제 3.1.2

(1) $\pi_i : E_i \to M$을 k_i-차원 복소벡타번들이며 g^i_{UV}를 E_i의 변환맵이라 하자. 여기서 $i = 1, 2$이다.

(ⅰ) $\pi = \pi_1 \oplus \pi_2 : E = E_1 \oplus E_2 \to M$은 $k(= k_1 + k_2)$-차원 복소벡타번들이며 변환맵은 $g_{UV} = g^1_{UV} \oplus g^2_{UV}$, 파이버는

$\pi^{-1}(x) = \pi_1^{-1}(x) \oplus \pi_2^{-1}(x)$이다.

$E = E_1 \oplus E_2$를 **휘트니합**(Whitney sum)이라 한다.

(ⅱ) $\pi = \pi_1 \otimes \pi_2 : E = E_1 \otimes E_2 \to M$은 $k = (k_1 \cdot k_2)$차원 복소벡타번들로서 변환맵은 $g_{UV} = g^1_{UV} \otimes g^2_{UV}$, 파이버는

$\pi^{-1}(x) = \pi_1^{-1}(x) \otimes \pi_2^{-1}(x)$이다.

$E = E_1 \otimes E_2$를 **텐서곱**(tensor product)이라 한다.

(2) $\pi : E \to M$이 k-차원 복소벡타번들로서 변환맵은 g_{UV}라 하자.

(ⅰ) **듀알번들**(dual bundle) $\pi^* : E^* \to M$은 k-차원 복소벡타번들이며, 변환맵은 ${}^t(g_{UV}{}^{-1})$이고

파이버는 $(\pi^*)^{-1}(x) = \mathrm{Hom}_{\mathbb{C}}(\pi^{-1}(x), \mathbb{C})$이다.

(ⅱ) **홈번들**(hom bundle)은 $\mathrm{Hom}_{\mathbb{C}}(E_1, E_2) \cong E_1^* \otimes E_2$이다.

(3) M을 n-차원 복소다양체라 하자.
각 점 $x \in M$에 대하여 **홀로몰픽점**(holomorphic germ)

$$\mathscr{O}_x = \lim_{x \in U} \mathscr{O}(U)$$

는 x에서 홀로몰픽맵의 $\mathbb{C}$-대수(algebra)가 된다.

$$T_x M := \{D : \mathscr{O}_x \to \mathbb{C} \mid D: \text{선형맵},$$
$$D(fg) = D(f) \cdot g(x) + f(x) \cdot D(g),\ f, g \in \mathscr{O}_x\}$$

을 x에서 M의 **홀로몰픽 탄젠트공간**(holomorphic tangent space)이라 한다. D를 **도미분**(derivation)이라 한다.
$(z_1, \cdots, z_n)$을 x에서 국소좌표계(local coordinate system)이라 하면 복소편미분(complex partial derivatives) $\left\{\dfrac{\partial}{\partial z_1}, \cdots, \dfrac{\partial}{\partial z_n}\right\}$이 $T_x M$의 기저(basis)가 된다. 사영맵

$$\pi : TM = \bigcup_{x \in M} T_x M \to M$$

은 k차원 복소벡타번들이 된다.
이 번들을 M의 **홀로몰픽 탄젠트번들**(holomorphic tangent bundle)이라 한다.
(4) 듀알번들 $\pi^* : T^* M = \bigcup_{x \in M} T_x^* M \to M$

을 **홀로몰픽 코탄젠트번들**(holomorphic cotangent bundle)이라 한다.
국소좌표에서 코탄젠트 공간(cotangent space) $T_x^* M$는 1-폼(1-form) $\{dz_1, \cdots, dz_n\}$이 기저가 된다.

정의 및 예제 3.1.3

$Gr(k,n;\mathbb{C}) := \{F \subset \mathbb{C}^n \mid F$는 $k-$차원 부분복소벡타공간$\}$,

$U(k,n,\mathbb{C}) = \coprod_{F \subset \mathbb{C}^n} \{(F,v) \mid v \in F\}$이라 하며, F는 $\mathbb{C}^n$의 k차원 부분벡타공간, $\mathbb{C}^k \to U(k,n;\mathbb{C}) \to Gr(k,n;\mathbb{C})$는 k-차원 복소벡타번들이 된다. 이 번들을 **전복소벡타번들**(universal complex vector bundle)이라 한다.

모든 복소벡타번들은 이 전복소벡타번들로부터 유도된다.

정의 3.1.4

두 벡타번들 $\pi_i : E_i \to M$, $i = 1, 2$가 **동치**(equivalent)란 홀로몰픽맵 $\phi : E_1 \to E_2$가 존재하여 $\pi_1 = \pi_2 \circ \phi$이고, 각 점 $x \in M$에 대하여 $\phi_x : E_{1x} \to E_{2x}$가 선형동형(linear isomorphism)이다.

주의

(1) 두 k-차원 번들 $\pi_i : E_i \to M$, $i = 1, 2$가 동치일 필요충분조건은 각 개집합 $U \subset M$에 대하여 C^∞-맵 $g_U : U \to GL(k,\mathbb{C})$가 존재하여 $\pi_1(x,v) = \pi_2(x, g_U(x) \cdot v)$, $x \in U$, $v \in E_1 x$이다.

(2) 다양체 M상에 얼마나 많은 다른 벡타번들(how many different vector bundles)이 존재하는가? 글로텐딕(Grothendick)에 의하여 휘트니합(Whitney sum) $\oplus$과 텐서곱(tensor product) $\otimes$의 연산으로 M상의 번들 **환**(ring) $K(M)$이 구성되었다.

(3) M상의 번들이 어떻게 꼬여있는지(how twisted)? 에 대한 답을 구하기 위하여 번들의 **특성류**(characteristic classes): 스티펠-휘트니, 천,

오일러, 폰트랴진 연구가 시작되었다.
이후부터는 천류(Chern class)를 다룰 것이다.

미분다양체 M상의 스므스 복소맵의 집합을

$\mathcal{E} = \{f: M \to \mathbb{C}: \text{스므스맵}\}$,

$\mathcal{E}^* = \{f: M \to \mathbb{C}: C^\infty - \text{맵} \mid f(x) \neq 0,\ x \in M\}$라 두면

(*) $0 \longrightarrow \mathbb{Z} \xrightarrow{j} \mathcal{E} \xrightarrow{e} \mathcal{E}^* \longrightarrow \{1\}$, $e(f) = e^{2\pi i f}$, j는 포함맵

은 **완전열**(exact sequence)이다.
번들 구성에 의하면 M상의 복소라인번들(complex line bundle)의 집합은 코호몰로지군 $H^1(M; \mathcal{E}^*)$과 일대일대응(one-to-one correspondence)이다.
완전열 (*)에 따른 M의 코호몰로지 긴완전열은

$$\cdots \to H^1(M; \mathcal{E}) \to H^1(M; \mathcal{E}^*) \xrightarrow{c_1} H^2(M; \mathbb{Z}) \to H^2(M; \mathcal{E}) \to$$

이다. 그런데 $\mathcal{E}$은 소프트쉪(soft sheaf)이므로

$$H^i(M; \mathcal{E}) = 0,\ i \geq 1$$

이다. 따라서

$$H^1(M; \mathcal{E}^*) \xrightarrow{\sim} H^2(M; \mathbb{Z}),\ L \mapsto c_1(L)$$

은 동형(isomorphism)이다.

정리 3.1.5

M상의 복소라인번들의 군 $H^1(M, \mathcal{E}^*)$은 코호몰로지군 $H^2(M;\mathbb{Z})$와 동형이다.

주의

M이 복소다양체일 때,

$$0 \to \mathbb{Z} \to \mathcal{O} \to \mathcal{O}^* \to \{1\}$$

을 이용하면 M상의 홀로몰픽 라인번들(holomorphic line bundle)의 군 $H^1(M;\mathcal{O}^*)$과 코호몰로지군

$$H^2_{1.1}(M;\mathbb{Z}) = H^2(M;\mathbb{Z}) \cap H^{1.1}(M)$$

은 동형이다 (정의7.4.1 참조).

3.2 곡률(Curvature)

복소벡타번들의 구조를 알기 위해서 천류(Chern class)를 공부하자. 천류를 정의하는데는 여러가지 방법이 있다.

첫째, **코호몰로지기본류**(cohomology fundamental class)를 이용하여 오일러류(Euler class)로 귀납적으로 천류를 정의한다.

둘째, 글라스만다양체 상의 **전번들**(universal bundle)의 천류를 당김(pullback)으로서 천류를 구할 수 있다.

셋째, 번들 상의 곡률을 이용한 **천-베일 이론**(Chern-Weil theory)으로 천류를 정의할 수 있다.

여기서는 천류를 정의하기 위하여 셋째 방법을 이용하자.

$\pi: E \to M$을 k-차원 복소벡타번들이라 하고

$\mathcal{E}^k(E)$와 $\mathcal{E}(T^*M \otimes E) := \mathcal{E}(E)$을 스므스섹션들의 공간이라 하자.

정의 3.2.1

번들 E상의 **콘넥션**(connection)은 연산자(operator)

$$\nabla : \mathcal{E}(E) \to \mathcal{E}^1(E)$$

로서 복소선형(complex linear)맵이며

라이프니츠 법칙(Leibniz rule)

$$\nabla(fs) = df \otimes s + fD(s),\ f \in \mathcal{E}(\mathbb{C}),\ s \in \mathcal{E}(E)$$

을 만족한다.

콘넥션 ∇의 국소성질(local property)을 알아보자.

$U \subset M$를 개집합이라 하고, $s_1, \cdots, s_k$를 U상에서 E의 **플래임장**(frame field)이라 하자.

$$\nabla s_i := \sum_{j=1}^{k} w_{ij} \otimes s_j,\ 1 \le i \le k$$

로 쓸 수 있다. 여기서 w_{ij}는 복소수에서 값을 갖는 1-폼이다.

$s = (s_1, \cdots, s_k)$라 하면 $\nabla s = w \otimes s$이다.

U상의 E의 섹션 $f_1 s_1 + \cdots + f_k s_k$, $f_i \in \mathcal{E}(U)$, $i = 1, \cdots, k$에 대하여

$$\begin{aligned}\nabla(f_1 s_1 + \cdots + f_k s_k) &= \sum_{i=1}^{k}\left(df_i \otimes s_i + f_i \sum_{j=1}^{k} w_{ij} \otimes s_j\right)\\ &= \sum_{i=1}^{k}\left(df_i + \sum_{j=1}^{k} f_j w_{ji}\right) \otimes s_i\end{aligned}$$

따라서 콘넥션 $\nabla := d + w$로 쓸 수 있다.

$k \times k$행렬 $w = (w_{ij})$을 **콘넥션행렬**(connection matrix)라 한다.

주의 1

(1) 만일 $\nabla s_i = 0,\ i = 1, \cdots, k$이면, $w = (w_{ij}) = (0)$이고

$\nabla(\sum_i f_i s_i) = \sum_i df_i \otimes s_i = d\left(\sum_i f_i s_i\right)$이므로

콘넥션 ∇을 외미분(exterior derivative)의 확장이다.

(2) ∇_1과 ∇_2가 E의 콘넥션이고 $f \in \mathcal{E}(M)$이면

$f\nabla_1 + (1-f)\nabla_2$도 E의 콘넥션이다.

(3) 다양체 M은 파라콤팩트(paracompact)이므로 벡타번들 E는 콘넥션을 갖는다.

$g = (g_{ij}),\ \det(g_{ij}) \neq 0,\ g_{ij} : U \to \mathbb{C}$은 스므스맵이면 $s' = sg$는 새로운 플래임장이다. s^1에 대한 콘넥션을 $\nabla s' = w' \otimes s'$라 하면

$$(*)\ gw' = dg + wg,\ \text{혹은}\ w' = g^{-1}dg + g^{-1}wg$$

이다.

식 (*)의 양변을 외미분(exterior derivative)을 취하면

$$g\Omega' = \Omega g,\ \text{즉}\ \Omega' = g^{-1}\Omega g$$

이다. 여기서 $\Omega' = dw' - w' \wedge w',\ \Omega = dw - w \wedge w$이다.

정의 3.2.2

(1) 2-폼의 $k \times k$행렬 $\Omega = (\Omega_{ij})$를 콘넥션 ∇의 **곡률행렬**(curvature matrix)라 한다.

(2) $\Omega=0$일 때 콘넥션 ∇를 **평탄**(flat)하다라고 한다.

주의 2

(1) 플래임 변환 $s'=sg$이면 $\Omega'=g^{-1}\Omega g$이므로 평탄함은 플래임 선택에 독립이다.

(2) 곡률을 외미분하면

$d\Omega=d(dw-w\wedge w)=-dw\wedge w+w\wedge dw$이고

$d\Omega+\Omega\wedge w-w\wedge\Omega=0$이다. 즉, $\nabla(\Omega)=0$이다.

이를 **비앙키항등식**(Bianchi identity)이라 한다.

(3) 플래임장의 변환 $s'=sg$에 대하여,

콘넥션 행렬은 $w'=g^{-1}dg+g^{-1}wg$이고

곡률행렬은 $\Omega'=g^{-1}\Omega g$이다.

따라서 곡률행렬 Ω은 **텐서**(tensor)이다. ■

주어진 콘넥션 $\nabla:\mathcal{E}(E)\to\mathcal{E}^1(E)$에 대하여

복소선형맵 $\nabla^1:\nabla:\mathcal{E}^1(E)\to\mathcal{E}^2(E)=\Gamma(\Lambda^2(T^*M)\otimes E)$

이 라이프니츠 법칙:

$$\nabla^1(\theta\otimes\eta)=d\theta\otimes\eta-\theta\wedge\nabla(\eta),\ \theta\in\mathcal{E}^1(M),\ \eta\in\mathcal{E}(E)$$

을 만족한다고 하자. 합성맵 $K:=\nabla^1\circ\nabla$

$$:\mathcal{E}(E)\xrightarrow{\nabla}\mathcal{E}^1(E)\xrightarrow{\nabla^1}\mathcal{E}^2(E)$$

은 복소선형이고, 플래임 $s_1,\cdots,s_k$에 대하여

$$\begin{aligned} K(s_i) &= \nabla^1(\nabla s_1) = \nabla^1\left(\sum_j w_{ij} \otimes s_j\right) \\ &= \sum_j (dw_{ij} \otimes s_j - w_{ij} \wedge \nabla(s_j)) \\ &= \sum_j \Omega_{ij} \otimes s_j \end{aligned}$$

여기서 $\Omega_{ij} = dw_{ij} - \sum_l w_{il} \wedge w_{lj}$이다.

따라서 K는 2-폼들의 곡률행렬 $\Omega = (\Omega_{ij})$로 표시되고

$\Omega = dw - w \wedge w$이다.

정의 3.2.3

$K = \nabla^1 \circ \nabla \in \mathrm{Hom}(E, (\Lambda^2 T^* M) \otimes E) = \Gamma(\Lambda^2 (T^* M) \otimes \mathrm{Hom}$ $(E, E))$을 콘넥션 ∇의 **곡률텐서**(curvature tensor)라 한다.

주의 3

(1) 콘넥션 ∇로부터 복소선형맵

$$\nabla^k : \mathcal{E}^k(E) \to \mathcal{E}^{k+1}(E),\ \phi_s \in \mathcal{E}^k(M),\ \eta \in \mathcal{E}(E),$$

$$\begin{aligned} \nabla^k(\phi_s \otimes \eta) &:= d\phi_s \otimes \eta + (-1)^k [\phi_s, \nabla \eta], \\ &= d\phi_s \otimes \eta - \nabla \eta \wedge \phi_s + (-1)^k \phi_s \wedge \nabla \eta \end{aligned}$$

로 확장할 수 있다.

플래임을 변형하면, $s' = sg,\ \phi_s \in \mathcal{E}^k(E)$

$\phi_{s'} = g^{-1}\phi_s g$이고 $\nabla^k \phi_{s'} = g^{-1}\nabla^k \phi_s g$이다. 따라서 ϕ_s와 $\nabla^k \phi_s$는 **텐서**(tensor)이다.

(2) (i) **비앙키 항등식** $\nabla^2 \Omega = 0$.

(ii) $\nabla^{k+1}\nabla^k(\phi) = [\phi, \Omega]$

$$= \phi \wedge \Omega - \Omega \wedge \phi.$$

■

3.3 천-베일이론(Chern-Weil Theory)

$\mathbb{M}_k(\mathbb{C})$를 $k \times k$-복소행렬의 집합이라 하자.

정의 3.3.1

$\mathbb{M}_k(\mathbb{C})$상의 **불변다항식**(invariant polynomial)은 맵 $P: \mathbb{M}_k(\mathbb{C}) \to \mathbb{C}$, $P(g^{-1}Ag) = P(A)$, $A \in \mathbb{M}_k(\mathbb{C})$, $\det g \neq 0$을 만족해야 한다.

예제 3.3.2

(1) **대각합**(trace) $\mathrm{tr} : \mathbb{M}_k(\mathbb{C}) \to \mathbb{C}$, $\mathrm{tr}(A) = \sum_{i=1}^{k} a_{ii}$

은 1차 불변다항식이다.

(2) **행렬식**(determinant) $\det : \mathbb{M}_k(\mathbb{C}) \to \mathbb{C}$,

$$A \mapsto \det(A)$$

은 k-차 불변다항식이다. ■

$E \to M$이 k차원 복소벡터번들이고, $P: \mathbb{M}_k(\mathbb{C}) \to \mathbb{C}$는 불변다항식이라 하자.

$s_1, \cdots, s_k$가 E의 국소기저이면, 곡률텐서

$$K(s_i) = \sum_{j=1}^{k} \Omega_{ij} \otimes s_j, \ i = 1, \cdots, k$$

이고, 행렬 $\Omega = (\Omega_{ij})$의 각 성분은 2-폼이며, 이들의 합(sum)과 쐐기곱(wedge)은 짝수차원폼(even degree exterior form)의 **교환대수**(commutative algebra)를 구성한다.

기저변환 $s' = sg$에 의하여 $g^{-1}\Omega_s g = \Omega_{s'}$이므로

$P(\Omega_{s'}) = P(g^{-1}\Omega_s g) = P(\Omega_s)$이고 값은 불변이다.

만일 P가 r-차 동차다항식(homogeneous polynomial)이면 $P(K)$는 $2r$-차 외미분폼($2r$-degree exterior form)이다.

일반적으로 P는 여러 차원 동차다항식의 합이다.

즉, $P(K) \in \bigoplus_r \Gamma(\Lambda^{2r} T^* M \otimes \mathbb{C})$이다.

따라서 $P(K) = P_0(K) + P_1(K) + \cdots + P_k(K)$로 쓸 수 있다.

정리 3.3.3

(1) 만일 P가 불변다항식이면, 외미분 $dP(K) = 0$이다.

즉, $P(K)$는 닫혀있다(closed).

(2) 코호몰로지류 $[P(K)]$는 콘넥션 ∇의 선택에 독립이다.

증명

(1) 곡률행렬 $\Omega = (\Omega_{ij})$에서 Ω_{ij}를 변수로 생각하면, 외미분은

$$dP(\Omega) = \sum_{i,\,j} \frac{\partial P}{\partial \Omega_{ij}} d\,\Omega_{ij} = \mathrm{trace}\left[{}^t\!\left(\frac{\partial P}{\partial \Omega_{ij}} \right) \wedge d\Omega \right]$$

이다. 곡률행렬은 $\Omega = dw - w \wedge w$이므로 비앙키항등식에 의하여 $d\Omega = w \wedge \Omega - \Omega \wedge w$이다.

그런데 ${}^t\!\left(\frac{\partial P}{\partial \Omega_{ij}} \right) \wedge d\Omega = d\Omega \wedge {}^t\!\left(\frac{\partial P}{\partial \Omega_{ij}} \right)$이다.

왜냐하면, E_{ji}를 (ji)-번째만 1이고 나머지는 0인 행렬이라 하면 $P((I + tE_{ji})\,d\Omega) = P(d\Omega\,(I + tE_{ji}))$이다. 양변을 $t = 0$에서 미분하면

$$\Sigma\,(d\Omega)_{ia} \left(\frac{\partial P}{\partial \Omega_{ja}} \right) = \Sigma \left(\frac{\partial P}{\partial \Omega_{ai}} \right) d\Omega_{aj}$$

이다. 다시 말하면 $d\Omega \wedge {}^t\left(\dfrac{\partial P}{\partial \Omega_{ij}}\right) = {}^t\left(\dfrac{\partial P}{\partial \Omega_{ij}}\right) \wedge d\Omega$ 이다.

또한 같은 방법으로 풀면, $\Omega \wedge {}^t\left(\dfrac{\partial P}{\partial \Omega_{ij}}\right) = {}^t\left(\dfrac{\partial P}{\partial \Omega_{ij}}\right) \wedge \Omega$ 도 성립한다.

따라서

$$\begin{aligned} dP(\Omega) &= \operatorname{trace}\left[{}^t\left(\frac{\partial P}{\partial \Omega_{ij}}\right) \wedge d\Omega\right] \\ &= \operatorname{trace}\left[d\Omega \wedge {}^t\left(\frac{\partial P}{\partial \Omega_{ij}}\right)\right] \\ &= \operatorname{trace}\left[(w \wedge \Omega - \Omega \wedge w) \wedge {}^t\left(\frac{\partial P}{\partial \Omega_{ij}}\right)\right] \\ &= \operatorname{trace}\left[w \wedge {}^t\left(\frac{\partial P}{\partial \Omega_{ij}}\right) \wedge \Omega - \Omega \wedge w \wedge {}^t\left(\frac{\partial P}{\partial \Omega_{ij}}\right)\right] \\ &= 0 \end{aligned}$$

이다.

(2) ∇_0와 ∇_1를 $E \to M$의 콘넥션이라 하자.

사영맵 $M \times \mathbb{R} \xrightarrow{\pi} M$, $(x, t) \mapsto x$에 대하여

$$E' = \pi^* E,\ \nabla_0{}' = \pi^* \nabla_0,\ \nabla_1{}' = \pi^* \nabla_1,$$

$\nabla = t\nabla_1{}' + (1-t)\nabla_0{}'$라 하자.

$P(K_\nabla) \in H^*(M \times \mathbb{R}, \mathbb{C})$이다.

맵 $i_t : M \to M \times \mathbb{R}$, $i_t(x) = (x, t)$에 대하여 $i_0^*(\nabla) = \nabla_0$, $i_1^*(\nabla) = \nabla_1$이 된다. 따라서 당김은

$$i_t^*(P(K_\nabla)) = (P(K_{\nabla_t})),\ t = 0, 1.$$

맵 i_0와 i_1은 호모토픽이므로, 코호몰로지류는

$$\left[P(K_{\nabla_0})\right] = \left[P(K_{\nabla_1})\right].$$

■

정방행렬 $A \in \mathbb{M}_k(\mathbb{C})$에 대하여

$\det(I+tA)=1+\sigma_1(A)t+\cdots+\sigma_k(A)t^k$로 쓰자.

여기서 $\sigma_r(A)$는 A의 고유치들로 이루어진 r-번째 **기본대칭맵** (elementary symmetric function)이다.

정리 3.3.4

$\mathbb{M}_k(\mathbb{C})$상의 불변다항식은 기본대칭맵 $\sigma_1, \cdots, \sigma_k$의 다항식으로 표현된다.

증명

행렬 $A \in \mathbb{M}_k(\mathbb{C})$에 대하여 $B \in \mathbb{M}_k(\mathbb{C})$를 $B^{-1}AB$가 상삼각행렬 (upper triangle matrix)이 되도록 선택할 수 있다.

여기서 B를 $\mathrm{diag}(\varepsilon, \varepsilon^2, \cdots, \varepsilon^k)B$로 대치하면

$$
\begin{aligned}
P(A) &= P(B^{-1}AB) \\
&= P\left(\left[\mathrm{diag}(\varepsilon, \cdots, \varepsilon^k)B\right]^{-1}A\left[\mathrm{diag}(\varepsilon, \cdots, \varepsilon^k)B\right]\right)
\end{aligned}
$$

는 A의 고유치들의 대칭맵이다.

대수에서 대칭맵은 기본대칭맵으로 표시되므로 증명된다. ■

정의 3.3.5

$\pi: E \to M$을 k-차원 복소벡타번들이라 하자. ∇를 콘넥션, K를 곡률폼이라 하고, 불변다항식

$$
\begin{aligned}
\det\left(1+\frac{K}{2\pi i}\right) &= \det\left(1-\frac{i}{2\pi}K\right) \\
&= \sum_{r=0}^{k}\frac{\sigma_r(K)}{(2\pi i)^r} := 1+c_1(E)+\cdots+c_k(E) := c(E)
\end{aligned}
$$

를 E의 **전천류**(total Chern class)이라 하고,

$$c_r(E) = \frac{\sigma_r(K)}{(2\pi i)^r}, \ r = 0, \cdots, k,$$

를 E의 r-번째 **천류**(Chern class)라 한다.

주의

만일 E상에 유니타리 헐미션메트릭(unitary Hermitian metric)을 취하면, $w\,{}^t\overline{w} = I$, $\Omega + {}^t\overline{\Omega} = 0$이다.

$$\begin{aligned} c(E) &= \det\left(1 + \frac{\Omega}{2\pi i}\right) = \det\left(1 - \frac{{}^t\overline{\Omega}}{2\pi i}\right) \\ &= \overline{\det\left(1 + \frac{\Omega}{2\pi i}\right)} = \overline{c(E)} \in H^*(M;\mathbb{R}) \end{aligned}$$

은 실코호몰로지류이다.

정리 및 연습문제 3.3.6

(1) 만일 $f: M \to M'$이 스므스맵이고 $E' \to M'$이 복소벡타번들이면 전천류는 $c(f^*(E')) = f^* c(E')$이다.

(2) $G_k(\mathbb{C}^\infty) := \lim\limits_{n \to \infty} \mathrm{G_r}(k, n, \mathbb{C})$라 놓고 , $U \to G_k(C^\infty)$를 k-차원 전번들(universal bundle)이라 하면,

$$H^*(G_k(C^\infty), \mathbb{C}) = \mathbb{C}[c_1(U), \cdots, c_k(U)]$$

이고, 천류 $c_1(U), \cdots, c_k(U)$는 대수적으로 독립이다.

(3) 만일 $E \to M$이 k-차원 복소벡타번들이면 맵 $f: M \to G_k(\mathbb{C}^\infty)$이 존재하여, $E \simeq f^*(U)$은 번들동형이다.

(4) 만일, E_1, $E_2 \to M$이 복소벡타번들이면 휘트니합(Whitney sum)의 천류는 $c(E_1 \oplus E_2) = c(E_1) \cdot c(E_2)$이다.

(5) 만일 $\overline{E} \to M$이 $E \to M$의 결레번들(conjugate bundle)이면 $c(\overline{E}) = 1 - c_1(E) + c_2(E) + \cdots + (-1)^k c_k(E)$이다.

(6) 듀알번들 $E^* \to M$의 전천류는 $c(E^*) = c(\overline{E})$이다.
여기서 헐미션메트릭을 사용하면 $E^* \simeq \overline{E}$이다.

(7) $T\mathbb{CP}^n \to \mathbb{CP}^n$의 전천류는 $c(\mathbb{CP}^n) = (1+a)^{n+1}$이다.
여기서 $a = -c_1(U) \in H_2(\mathbb{CP}^n, \mathbb{Z})$이고, $U \to \mathbb{CP}^n$ 전복소라인번들(universal complex line bundle)이다.

(8) $c_k(E) = e(E)$는 k차원 복소벡타번들 E의 오일러류(Euler class)이다.

CHAPTER 04 코호몰로지 분리 (Cohomology Decompositon)

다양체의 성질을 연구하는데 코호몰로지가 중요한 역활을 한다. 다양체가 얼마나 유클리트 공간과 다른가를 코호몰로지로 나타내며, 코호몰로지는 아벨군이며, 호몰로지와 달리 컵곱(cup product)이 있으며 환구조(ring structure)가 있어 많은 정보를 준다. 방향리만다양체에는 호지스타(Hodge star)연산자가 존재하며, 라플라스연산자 $\nabla = dd^* + d^* d$가 정의되어 각 코호몰로지류는 유일한 조화폼(harmonic form)을 갖는다.

라플라스 연산자는 미분다양체에서 **호지분리**(Hodge decomposition), $\mathcal{E}^p(M) = d(\mathcal{E}(M)) \oplus d^*(\mathcal{E}^{p+1}(M)) \oplus H^p(M)$을 유도한다.

다양체가 복소구조(complex structure)를 갖으면 복소구조의 고유치(eigen value), $J = \pm i$에 따라 $\mathcal{E}^k(M) = \bigoplus_{p+q=k} \mathcal{E}^{p,q}(M)$로 분리된다.

그러나 코호몰리지에서는 일반적으로 분리되지 않는다.

만일 다양체가 켈러이면 켈러폼이 존재하고 라플라스연산자 $\overline{\square} = \overline{\partial}\,\overline{\partial}^* + \overline{\partial}^*\overline{\partial}$는 $\Delta = 2\overline{\square}$ 이 되고, 코호몰로지는 $H^k(M;\mathbb{C}) = \bigoplus_{p+q=k} H^{p,q}(M)$로 분리된다. 이것이 켈러다양체에서 **호지분리**(Hodge decomposition)이다. 호지다양체 M은 양의 홀로몰픽 라인번들 L, $c_1(L) = l$,이 존재하여, **렆셔츠분리**(Lefschetz decomposition) $H^k(M,\mathbb{C}) = \bigoplus_{2r \le k} l^r \cup H_0^{n-2r}(M)$가 된다. 여기서 $H_0^{n-2r}(M)$은 **원초코호몰로지**(primitive cohomology)이다.

4.1 리만다양체의 조화폼 (Harmonic Forms on Riemannian Manifolds)

조화폼을 소개하기 위하여 단계적으로 유클리트공간, 미분다양체, 그리고 복소다양체로 순차적으로 전개하자. 조화폼은 엘립틱연산자(elliptic operator)인 라플라스연산자(Laplace operator)의 해(solution)이다.

(4.1.1) $(\mathbb{R}^n, <\ ,\ >)$을 내적(inner procudt) $<\ ,\ >$을 갖은 n-차원 유클리트공간이라 하고, $\{e_1^*, \cdots, e_n^*\}$을 듀알공간 $\mathbb{R}^{n*}$의 **방향직교단위기저**(oriented orthonormal basis)라 하자.

$\mathbb{R}^n$상의 p-폼(p-form)을

$$\Lambda^p(\mathbb{R}^{n*}) = \langle e_{i_1}^* \wedge \cdots \wedge e_{i_p}^* \mid 1 \leq i_1 < \cdots < i_p \leq n \rangle$$

라 정의하고, $\Lambda^p(\mathbb{R}^{n*})$는 ${}_nC_p = \dfrac{n!}{p!(n-p)!}$-차원 벡타공간이다. 특히 $\Lambda^0(\mathbb{R}^{n*}) = \langle 1 \rangle = \mathbb{R}$이고, $\Lambda^n(\mathbb{R}^{n*}) = \langle e_1^* \wedge \cdots \wedge e_n^* \rangle \simeq \mathbb{R}$이다.

$\Lambda^p(\mathbb{R}^{n*})$에서 내적(inner product)을

$\langle e_{i_1}^* \wedge \cdots \wedge e_{i_p}^*,\ e_{j_1}^* \wedge \cdots \wedge e_{j_p}^* \rangle = \det\left(\langle e_{i_k}^*, e_{j_l}^* \rangle\right)$로 정의하면

$\left\{e_{i_1}^* \wedge \cdots \wedge e_{i_p}^* \mid 1 \leq i_1 < \cdots < i_p \leq n\right\}$이 $\Lambda^p(\mathbb{R}^{n*})$의 **직교단위기저**(orthonormal basis)가 된다.

직합(direct sum) $\left(\Lambda(\mathbb{R}^{n*}) := \bigoplus_{p=0}^{n} \Lambda^p(\mathbb{R}^{n*}, +, \wedge)\right)$는 2^n-차원 **외대수**(exterior algebra)가 된다.

이제 **호지스타연산자**(Hodge star operator) $*$를 정의하자.

$$* \ : \ \Lambda^p(\mathbb{R}^{n*}) \to \Lambda^{n-p}(\mathbb{R}^{n*}),$$

$$*(e_{i_1}^* \wedge \cdots \wedge e_{i_p}^*) = \pm e_{j_1}^* \wedge \cdots \wedge e_{j_{n-p}}^*,$$

여기서 $\{i_1, \cdots, i_p, j_1, \cdots, j_{n-p}\} = \{1, \cdots, n\}$이고,

만일 $(e_{i_1}^* \wedge \cdots \wedge e_{i_p}^* \wedge e_{j_1}^* \wedge \cdots \wedge e_{j_{n-p}}^*) = (e_1 \wedge \cdots \wedge e_n)$이면, 부호는 $+$,

만일 $(e_{i_1}^* \wedge \cdots \wedge e_{i_p}^* \wedge e_{j_1}^* \wedge \cdots \wedge e_{j_{n-p}}^*) = -(e_1 \wedge \cdots \wedge e_n)$이면, 부호는 $-$ 이다.

선형확장(linear extension)으로

$$* \ : \ \Lambda(\mathbb{R}^{n*}) \to \Lambda(\mathbb{R}^{n*})$$

확장하여 정의한다.

주의

$\Lambda^p(\mathbb{R}^{n*})$상에서

(1) $** = (-1)^{p(n-p)} Id$,

(2) $\langle v, w \rangle = *(v \wedge *w) = *(w \wedge *v) = \langle w, v \rangle$이다.

위에서 듀알공간 $\mathbb{R}^{n*}$을 사용한 이유는 코탄젠트 공간에서 미분폼(differential form)에 이용하고자 함이다.

(4.1.2) M을 n-차원 방향콤팩트 미분다양체(n-dimensional oriented compact differentiable manifold)라 하자.

M상의 외 p-번들(exterior p-bundle)을 $\Lambda^p(T^*M) = \bigcup_{x \in M} \Lambda^p T_x^* M$, M 상의 외대수번들(exterior algebra bundle)을 $\Lambda^\bullet(T^*M) = \bigcup_{x \in M} \Lambda^\bullet T_x^* M$ 라 하고, $\mathcal{E}^p(M) := \{w : M \to \Lambda^p T^* M :$ 스므스섹션$\}$을 M상의 스

모스 p-폼(differentiable p-form)들의 집합, $\mathcal{E}^{\bullet}(M) = \bigoplus_{p=1}^{n} \mathcal{E}^p(M)$을 M상의 스모스 미분폼들의 외대수(exterior algebra)라 하자.

주의

(1) $\mathcal{E}^0(M) = C^{\infty}(M) = \{f : M \to \mathbb{R} : 스므스맵\}$이다.

(2) 폼 $w,\ \phi \in \mathcal{E}^{\bullet}(M),\ c \in \mathbb{R},\ x \in M$에 대하여

$$(w+\phi)(x) = w(x) + \phi(x),\ (cw)(x) = cw(x),$$

$$(w \wedge \phi)(x) = w(x) \wedge \phi(x)$$

로 정의하자.

(i) $\mathcal{E}^0(M)$은 환구조(ring structure)을 갖는다.

(ii) $(\mathcal{E}^{\bullet}(M), +, \wedge)$는 $\mathbb{R}$상에서 **외대수**(exterior algebra)이다.

(iii) $(\mathcal{E}^{\bullet}(M), +, \wedge)$는 $C^{\infty}(M)$상에서 **모듈**(module)이다.

(1.5)절에서와 같이 외미분(exterior derivative)

$$\longrightarrow \mathcal{E}^{p-1}(M) \xrightarrow{d} \mathcal{E}^p(M) \xrightarrow{d} \mathcal{E}^{p+1}(M) \longrightarrow$$

이용하여 드람코호몰로지를 얻는다.

정의 4.1.3

외미분 d의 **어드조인트연산자**(adjoint operator)는

$$d^* : \mathcal{E}^p(M) \to \mathcal{E}^{p-1}(M),\ \phi \in \mathcal{E}^p(M)$$

$$d^*\phi := (-1)^{n(p+1)+1} * d * (\phi),$$

라플라스연산자(Laplace operator)는

$$\Delta = d^* d + d d^* \ : \ \mathcal{E}^p(M) \to \mathcal{E}^p(M)$$

으로 정의한다.

주의

(1) $\mathcal{E}^0(\mathbb{R}^n) = C^\infty(\mathbb{R}^n)$에서는, $f \in C^\infty(\mathbb{R}^n)$

$\Delta(f) = -\sum_{i=1}^{n} \frac{\partial^2 f}{\partial x_i^2}$이다.

(2) $* \Delta(\phi) = \Delta * (\phi)$, $\phi \in \mathcal{E}^p(M)$이다.

정의 4.1.4

벡타공간 $\mathcal{E}^p(M)$에서 **호지내적**(Hodge inner product) $(\ ,\ )$를

$$(\phi, \psi) = \int_M \phi \wedge * \psi, \ \phi, \psi \in \mathcal{E}^p(M)$$

로 정의한다.

호지내적 $(\ ,\ ) : \mathcal{E}^p(M) \times \mathcal{E}^p(M) \to \mathbb{R}$은 겹선형(bilinear), 대칭(symmetric), 양한정(positive definite)이다.

정리 4.1.5 방향 콤팩트 미분다양체 M상에서,

(1) $(d\phi, \psi) = (\phi, d^* \psi)$, $\phi \in \mathcal{E}^{p-1}(M)$, $\psi \in \mathcal{E}^p(M)$.

(2) $(\Delta\alpha, \beta) = (\alpha, \Delta\beta)$, $\alpha, \beta \in \mathcal{E}^p(M)$.

(3) $\Delta\phi = 0$ 필요충분조건은 $d\phi = 0$, $d^* \phi = 0$이다.

(4) $\Delta f = 0$이면 f는 상수맵이다. 여기서 M는 연결이다.

증명

(1) $\phi \in \mathcal{E}^{p-1}(M)$, $\psi \in \mathcal{E}^{p}(M)$에 대하여

$$\begin{aligned} d(\phi \wedge * \psi) &= d\phi \wedge * \psi + (-1)^{p-1}\phi \wedge d * \psi \\ &= d\phi \wedge * \psi - \phi \wedge * d^* \psi \end{aligned}$$

이므로 스톡스정리를 사용하면

$$\begin{aligned} 0 = \int_M d(\phi \wedge * \psi) &= \int_m \left(d\phi \wedge * \psi - \phi \wedge * d^* \psi\right) \\ = (d\phi, \psi) - (\phi, d^* \psi) \end{aligned}$$

이다.

(2) $\alpha, \beta \in \mathcal{E}^{p}(M)$에 대하여

$$\begin{aligned} (\Delta\alpha, \beta) &= \left((d^* d + dd^*)\alpha, \beta\right) \\ &= (d^* d\alpha, \beta) + (dd^* \alpha, \beta) \\ &= (\alpha, d^* d\beta) + (\alpha, dd^* \beta) \\ &= \left(\alpha, (d^* d + dd^{at})\beta\right) = (\alpha, \Delta\beta) \end{aligned}$$

이다.

(3) $\phi \in \mathcal{E}^{p}(M)$에 대하여

$$\begin{aligned} (\Delta\phi, \phi) &= \left((d^* d + dd^*)\phi, \phi\right) \\ &= (d^* d\phi, \phi) + (dd^*, \phi) = (d\phi, d\phi) + (d^* \phi, d^* \phi) \end{aligned}$$

이다. $\Delta\phi = 0$이면,

$$(d\phi, d\phi) + (d^* \phi, d^* \phi) = 0$$

이므로 $d\phi = 0$이고 $d^* \phi = 0$이다.

만일 $d\phi = 0$이고 $d^* \phi = 0$이면,

$\Delta\phi = d^* d\phi + dd^* \phi = 0 + 0 = 0$이다.

(4) M이 n-차원 콤팩트, 연결, 방향미분다양체라 하자.

만일 $f \in C^{\infty}(M)$이 $\Delta f = 0$이면, $d^* f = 0$이고 $df = 0$이다.
따라서 f는 상수맵이다. ■

M을 n-차원 방향, 콤팩트, 연결미분다양체라 하자.
라플라스 연산자

$$\Delta : \mathcal{E}^p(M) \to \mathcal{E}^p(M)$$

는 **엘립틱**(elliptic)이다. 왜냐하면 각 점에서 **심볼**(symbol)맵이 완전(exact)이기 때문이다.
다양체 M이 콤팩트이므로 엘립틱연산자 Δ는 **프레드홀름연산자**(Fredholm operator)이다.
따라서 핵(kernel) $\Delta^{-1}(0)$와 코핵(cokernel) $(\mathrm{Im}\,\Delta)^{\perp}$는 유한차원(finite dimension)이고 상(image) $\mathrm{Im}\,\Delta$는 폐집합(closed set)이다.
자세한 것은 참고문헌을 참고하시오.

정의 4.1.6
M의 p-번째 **조화코호몰로지군**(harmonic cohomology group)을
$\mathbb{H}^p(M) := \mathrm{Ker}\,[\Delta : \mathcal{E}^p(M) \to \mathcal{E}^p(M)]$이라 정의하고, $\mathbb{H}^p(M)$의 원소를 **조화 p-폼**(harmonic p-form)이라 한다.

정리 4.1.7 (미분다양체에서 호지분리정리)
M을 n-차원 방향, 콤팩트 리만다양체라 하자.
(1) $\mathbb{H}^p(M)$은 유한차원이다. $0 \le p \le n$.
(2) $\mathcal{E}^p(M) = d(\mathcal{E}^{p-1}(M)) \oplus d^*(\mathcal{E}^{p+1}(M)) \oplus \mathbb{H}^p(M)$

은 호지내적에 대한 **직교직합분리**(orthogonal direct sum decomposition)이다.

(3) $\alpha \neq 0$, $\alpha \in \mathcal{E}^p(M)$에 대하여 $\Delta w = \alpha$인 해 $w \in \mathcal{E}^p(M)$이 존재할 필요충분조건은 $\alpha \in \mathbb{H}^p(M)^{\perp}$, 즉 호지내적은 $(\alpha, \mathbb{H}^p(M)) = 0$이다. ■

M을 n-차원 콤팩트 방향리만다양체라 하자.
p-번째 드람코몰로지는

$$H^p(M;\mathbb{R}) = \frac{\text{Ker}\, d:\ \mathcal{E}^p(M) \to \mathcal{E}^{p+1}(M)}{\text{Im}\, d:\ \mathcal{E}^{p-1}(M) \to \mathcal{E}^p(M)}$$

이고, **조화** p-**폼군**(group of harmonic p-forms)은 $\mathbb{H}^p(M) = \text{Ker}\, \Delta:\ \mathcal{E}^p(M) \to \mathcal{E}^p(M)$이다. 각 조화 p-폼 ϕ은 $\phi \in \mathcal{E}^p(M)$이고 $\Delta\phi = 0$이다.
따라서 $d\phi = 0$이고 $d^*\phi = 0$이므로 $\phi \in \text{Ker}\, d$이고 $[\phi] \in H^p(M;\mathbb{R})$이다.

정의 4.1.8 그린연산자(Green operator)

$$G:\ \mathcal{E}^p(M) \to \mathcal{E}^p(M) \quad \alpha \mapsto G(\alpha) = w$$

를 $\Delta w = \alpha - H(\alpha)$의 해 w로 정의한다.
여기서 $H(\alpha)$는 정리4.1.7의 (2)에서 조화부분 $\mathbb{H}^p(M)$으로 α의 사영이다. (3)에 의하여 w는 유일하세 존재한다.

주의

그린연산자 G는 d, d^* 그리고 Δ와 교환이다.

정리 4.1.9 n차원 방향, 컴팩트리만다양체 M에 대하여

(1) 각 코호몰로지류 $\alpha \in H^p(M, \mathbb{R})$은 유일한 조화폼 $\phi \in \mathbb{H}^p(M)$이 존재하여 $\alpha = [\phi]$이다.

(2) $H^p(M; \mathbb{R}) \simeq \mathbb{H}^p(M)$.

(3) $\dim H^p(M; \mathbb{R}) < \infty$.

증명

(2)와 (3)은 (1)의 결과이다.

각 p-폼 $\alpha \in \mathcal{E}^p(M)$에 대하여, 정의에 의하여

$$\begin{aligned}\alpha = \Delta G(\alpha) + H(\alpha) &= dd^* G(\alpha) + d^* dG(\alpha) + H(\alpha) \\ &= dd^* G(\alpha) + d^* Gd(\alpha) + H(\alpha)\end{aligned}$$

이다.

만일 $[\alpha] \in H^p(M; \mathbb{R})$이면 $d\alpha = 0$이고,

$\alpha = dd^* G(\alpha) + H(\alpha)$이다.

따라서 $[\alpha] = [H(\alpha)] \in H^p(M; \mathbb{R})$이고, $H(\alpha) \in \mathbb{H}^p(M)$이다.

$$\text{맵} : H^p(M;\mathbb{R}) \to \mathbb{H}^p(M), \ [\alpha] \mapsto H(\alpha)$$

은 잘 정의된다.

만일 $[\alpha_1] = [\alpha_2] \in H^p(M; \mathbb{R})$이면,

$H(\alpha_1) - H(\alpha_2) = d\beta$, $\beta \in \mathcal{E}^{p-1}(M)$이다.

$\big(d\beta, H(\alpha_1) - H(\alpha_2)\big) = \big(\beta, d^* (H(\alpha_1)) - d^* (H(\alpha_2))\big) = (\beta, 0) = 0$

이므로 $d\beta$와 $H(\alpha_1) - H(\alpha_2)$는 직교이다.

따라서 $d\beta = 0$이고, $H(\alpha_1) = H(\alpha_2)$이다. ■

M을 n-차원 콤팩트, 연결, 방향 미분다양체라 하자.

겹선형맵(bilinear map)

$$\int_M : H^p(M;\mathbb{R})\times H^{n-p}(M;\mathbb{R})\to\mathbb{R},\ ([\phi],[\psi])=\int_M \phi\wedge\psi$$

에 대하여,

정리 4.1.10 (드람코호몰로지의 포앙카레듀알 정리)

(1) 맵 $\int_M$ 은 잘 정의된다.

(2) $\int_M$ 은 비퇴화(nondegenerate)이다.

즉, $H^p(M;\mathbb{R})\simeq H^{n-p}(M;\mathbb{R})^*$, $[\phi]\mapsto\int_M\phi\wedge$ 동형이다.

(3) M이 연결이면 $H^0(M;\mathbb{R})\simeq H^n(M;\mathbb{R})\simeq\mathbb{R}$이다.

증명

(1) $[\phi]\in H^p(M;\mathbb{R})$, $\psi\in H^{m-p}(M;\mathbb{R})$에 대하여
$\phi=\phi_1+d\eta$, $\psi=\psi_1+d\xi$라 하자.

$$\begin{aligned}\int_M\phi\wedge\psi &= \int_M(\phi_1+d\eta)\wedge(\psi_1+d\xi)\\ &=\int_M(\phi_1\wedge\psi_1)+\int_M(d\eta\wedge\psi_1)+\int_M(\phi_1\wedge d\xi)+\int_M d\eta\wedge d\xi\\ &=\int_M(\phi_1+\psi_1)+\int_M(\eta\wedge\psi_1)+\int_M(-1)^p d(\phi_1\wedge\xi)\\ &\quad+\int_M(-1)^{p-1}d(\eta\wedge d\xi)=\int_M(\phi_1\wedge\psi_1)\end{aligned}$$

이다.

여기서 마지막 등호에서 스톡스정리를 사용했다. 따라서 맵 $\int_M$ 은 잘

정의된다.

(2) $0 \neq [\phi] \in H^p(M;\mathbb{R})$에 대하여 $0 \neq [\psi] \in H^{n-p}(M;\mathbb{R})$을 찾아서 $\int_m \phi \wedge \psi \neq 0$임을 보이자.

$H^p(M;\mathbb{R}) \simeq \mathbb{H}^p(M)$이므로, ϕ를 조화 p-폼이라 하자. 호지스타연산자를 작용하면 $*(\phi) \in \mathcal{E}^{n-p}(M)$이다.

그런데 $\Delta * (\phi) = * \Delta(\phi) = 0$이므로

$*(\phi) \in \mathbb{H}^{n-p}(M) \simeq H^{m-p}(M;\mathbb{R})$이다.

따라서 $\int_M \phi \wedge * \phi = \int_M \langle \phi, \phi \rangle = \int_M |\phi|^2 > 0$이고,

맵 $\int_M$은 비퇴화(nondegenerate)이다. ■

4.2 헐미션 복소다양체의 조화폼 (Harmonic Forms on Hermitian Complex Manifolds)

(M, h)를 n-차원 콤팩트 헐미션 복소다양체(compact Hermitian complex manifold)라 하고, $g = \mathrm{Re}(h)$를 h의 실수부분이라 하면, (M, g)는 $2n$-차원 콤팩트 방향 리만다양체(compact oriented Riemannian manifold)이다.

(4.1)에서 호지스타연산자

$$* : \mathcal{E}^p(M) \to \mathcal{E}^{2n-p}(M)$$

를 정의하였다. 연산자 $*$를 **복소선형**(complex linear)

$$* : \mathcal{E}^p_{\mathbb{C}}(M) \to \mathcal{E}^{2n-p}_{\mathbb{C}}(M), \quad *(\phi \otimes z) = *(\phi) \otimes z$$

로 확장하자. 여기서 $\mathcal{E}^p_{\mathbb{C}}(M)=\Gamma(\Lambda^p(T^*M)\otimes\mathbb{C})$는 복소수에서 값을 갖은 p-폼들의 공간이다.

편의상 $\mathcal{E}^p_{\mathbb{C}}(M)=\mathcal{E}^p(M)$을 혼용하고 문맥으로 이해하자.

정의 4,2.1

맵

$$(\, , \,) : \mathcal{E}^*(M) \times \mathcal{E}^*(M) \to \mathbb{C},$$

$$(\phi, \psi) = \begin{cases} \int_M \phi \wedge * \overline{\psi} & , \ \phi, \psi \in \mathcal{E}^p(M) \\ 0 & , \ \phi \in \mathcal{E}^p(M), \ \psi \in \mathcal{E}^q(M), \ p \neq q \end{cases}$$

를 $\mathcal{E}^*(M)$상의 **호지내적**(Hodge inner product)이라 한다.

주의

(1) $\mathcal{E}^*(M)$상의 호지내적 $(\, , \,)$은 양의한정(positive definite), 헐미션 대칭(Hermitian symmetry), 세스큐선형(sesquilinear) $[(\lambda\phi, \psi)=\lambda(\phi, \psi), (\phi, \lambda\psi)=\overline{\lambda}\cdot(\phi, \psi)]$ 이다.

증명

M의 헐미션내적 $\langle \, , \, \rangle$은 각 점 $x \in M$에서 p-폼 ϕ, ψ에 대하여,

$$\phi \wedge * \overline{\psi} = \langle \phi, \psi \rangle \, \mathrm{vol}$$

을 만족한다. 따라서 호지내적은

$$(\phi, \psi) = \int_M \phi \wedge * \overline{\psi} = \int_M \langle \phi, \psi \rangle \, \mathrm{vol}$$

이므로 (1)를 쉽게 알 수 있다.

(2) 직합분리(direct sum decomposition)

$$\mathcal{E}^k(M) = \bigoplus_{p+q=k} \mathcal{E}^{p,q}(M)$$

은 호지내적에 관하여 직교(orthogonal)이다.

증명

만일 $\phi \in \mathcal{E}^{p_1, q_1}(M)$, $\psi \in \mathcal{E}^{p_2, q_2}(M)$, $p_1 + q_2 = p_2 + q_2 = k$이면

$\overline{\psi} \in \mathcal{E}^{q_2, p_2}(M)$이고 $* \overline{\psi} \in \mathcal{E}^{n-p_2, n-q_2}(M)$이다.

따라서 $\phi \wedge * \overline{\psi} \in \mathcal{E}^{n-p_2+p_1, n-q_2+q_1}(M)$이다.

그러므로 $\phi \wedge * \overline{\psi}$가 (n, n)-폼일 필요충분조건은 $p_1 = p_2$, $q_1 = q_2$ 이다. ■

(4.2.2) 편의상 $\mathcal{E}^p(M)$의 내적과 $\mathcal{E}^p_{\mathbb{C}}(M)$의 호지내적을 같은 기호로 쓰고, **호지스타연산자**(Hodge star operator) $\overline{*}$를

$$\overline{*} : \mathcal{E}^p(M) \to \mathcal{E}^{2n-p}(M),\ \overline{*}(\phi) = *(\overline{\phi}),\ \phi \in \mathcal{E}^p(M)$$

으로 정의한다. $\overline{*}$는 **켤레선형동형**(conjugate linear isomorphism)이다.
호지내적은 $(\phi, \psi) = \int_M \phi \wedge * \overline{\psi} = \int_M \phi \wedge \overline{*} \psi$가 된다.

$E \to M$을 헐미션복소벡타번들(Hermitian complex vector bundle)이라 하자. 연산자

$$\tau : E \to E^*,\ \tau(e) = \langle\ , e \rangle$$

은 **켤레선형번들동형**(conjugate linear bundle isomorphism)이다. 왜냐하면 $\tau(\lambda e) = \langle\ , \lambda e \rangle = \overline{\lambda} \langle\ , e \rangle = \overline{\lambda} \tau(e)$이기 때문이다. 여기서 $\lambda \in \mathbb{C}$, $e \in E$, $\langle\ ,\ \rangle$는 E의 헐미션내적이다.

호지스타연산자(Hodge star operator) $\overline{\ast}_{\tau}$를

$$\overline{\ast}_{\tau}: \left(\Lambda^{p} T^{*} M \bigotimes_{\mathbb{R}} \mathbb{C}\right) \otimes E \rightarrow \left(\Lambda^{2n-p} T^{*} M \bigotimes_{\mathbb{R}} \mathbb{C}\right) \otimes E^{*},$$

$$\overline{\ast}_{\tau}(\phi \otimes e) = \overline{\ast}(\phi) \otimes \tau(e) = \ast(\overline{\phi}) \otimes \tau(e),$$

$$\phi \in \Lambda^{p}(T^{*} M) \bigotimes_{\mathbb{R}} \mathbb{C},\ e \in E$$

로 정의한다.

연산자 $\overline{\ast}_{\tau}$는 **헐미션벡타번들**의 **켤레선형동형**(conjugate linear isomorphism of Hermitian vector bundle)이다.

주의

(1) $\mathcal{E}^{p}(M) = \Gamma(\Lambda^{p} T^{*} M)$에서 호지내적은

$(\phi, \psi) = \int_{M} \phi \wedge \ast \psi,$

(2) $\mathcal{E}^{p}(M)_{\mathbb{C}} = \Gamma(\Lambda^{p} T^{*} M \otimes \mathbb{C})$에서 호지내적은

$(\phi, \psi) = \int_{M} \phi \wedge \overline{\ast} \psi,$

(3) $\mathcal{E}^{p}(M, E)_{\mathbb{C}} = \Gamma(\Lambda^{p} T^{*} M \otimes \mathbb{C}) \otimes E)$에서 호지내적은

$(\phi, \psi) = \int_{M} \phi \wedge \overline{\ast}_{\tau} \psi$이다.

(4) 만일 $\phi \in \Lambda^{p} T_{x}^{*} M \bigotimes_{\mathbb{R}} \mathbb{C},\ e \in E_{x},$

$\psi \in \Lambda^{2n-p} T_{x}^{*} M \bigotimes_{\mathbb{R}} \mathbb{C},\ f \in E_{x}^{*}$ 이면,

$(\phi \otimes e) \wedge (\psi \otimes f) = (\phi \wedge \psi) \otimes \langle e, f \rangle \in \Lambda^{2n}(T_{x}^{*} M) \bigotimes_{\mathbb{R}} \mathbb{C}$

이다.

(5) $\overline{\ast}_{\tau}\ :\ \mathcal{E}^{p,q}(M, E) \rightarrow \mathcal{E}^{n-p,n-q}(M, E^{\ast})$는 켤레선형동형(conjugate linear isomorphism)이다.

정리 4.2.3

M을 $2n$-차원 컴팩트 방향리만다양체라 하자.

$d^{\ast}$를 $\mathcal{E}^{\ast}(M)$상의 호지내적에 관한 d의 어드조인트연산자(adjoint operator)라 하고, $\Delta = dd^{\ast} + d^{\ast}d$라 하자.

(1) $d^{\ast} = -\overline{\ast}\, d\, \overline{\ast}$, $d^{\ast} = -\ast\, d\, \ast$.

(2) $\overline{\ast}\Delta = \Delta\overline{\ast}$, $\ast\,\Delta = \Delta\,\ast$.

증명

(1) $\phi \in \mathcal{E}^{p-1}(M)$, $\psi \in \mathcal{E}^{p}(M)$에 대하여

$$
\begin{aligned}
(d\phi\,,\psi) &= \int_M d\phi \wedge \overline{\ast}\,\psi \\
&= \int_M d(\phi \wedge \overline{\ast}\,\psi) - (-1)^{p-1}\int_M \phi \wedge d\overline{\ast}\,\psi \\
&= (-1)^p \int_M \phi \wedge d\overline{\ast}\,\psi = (-1)^p \int_M \phi \wedge \overline{\ast}\left(\overline{\ast}^{-1} d\overline{\ast}\,\psi\right) \\
&= -\int_M \phi \wedge \overline{\ast}\,(\overline{\ast}\, d\overline{\ast}\,\psi) = (\phi\,, -\overline{\ast}\, d\overline{\ast}\,\psi)
\end{aligned}
$$

스톡정리와 $\mathcal{E}^{p}(M)$에서 $\overline{\ast}^{2} = (-1)^{p(2n-p)}$을 사용하였다.

따라서 $d^{\ast} = -\overline{\ast}\, d\, \overline{\ast}$ 이다.

(2) $\phi \in \mathcal{E}^{p}(M)$에 대하여, 계산하면

$$
\ast\,\Delta\phi = \ast\,(dd^{\ast} + d^{\ast}d)\phi = (\ast\, d \ast d \ast + \ast^{2} d \ast d)\phi,
$$

$$\Delta * \phi = (dd^* + d^* d)(* \phi) = -(d * d *^2 + * d * d *)\phi$$

이고, $*^2 d * d\phi = d * d *^2 \phi$이므로 $* \Delta = \Delta *$이다. ■

M을 n-차원 헐미션복소다양체라 하고, $E \to M$을 헐미션 홀로몰픽 벡타번들이라 하자. E에서 값을 갖은 k-폼은

$$\mathcal{E}^k(M, E) = \bigoplus_{p+q=k} \mathcal{E}^{p,q}(M, E)$$

이다.

정리 4.2.4

(1) $\mathcal{E}^{p,q}(M, E)$의 호지내적에 대하여

$$\text{맵 } \bar{\partial} : \mathcal{E}^{p,q}(M, E) \to \mathcal{E}^{p,q+1}(M, E)$$

의 어드조인트 $\bar{\partial}^* : \mathcal{E}^{p,q+1}(M, E) \to \mathcal{E}^{p,q}(M, E)$는

$$\bar{\partial}^* = -\overline{*}_{\tau^{-1}} \bar{\partial} \overline{*}_{\tau}, \quad \tau : E \to E^*$$

이다.

(2) $\overline{\square} = \bar{\partial}\bar{\partial}^* + \bar{\partial}^* \bar{\partial} : \mathcal{E}^{p,q}(M, E) \to \mathcal{E}^{p,q}(M, E)$라 정의한다. $\overline{\square}\, \overline{*}_{\tau} = \overline{*}_{\tau} \overline{\square}$이다.

증명

(1) $\phi \in \mathcal{E}^{p,q-1}(M, E)$, $\psi \in \mathcal{E}^{p,q}(M, E)$에 대하여 $\phi \wedge \overline{*}_{\tau}\psi$는 $(n, n-1)$-폼이므로 $\bar{\partial}(\phi \wedge \overline{*}_{\tau}\psi) = d(\phi \wedge \overline{*}_{\tau}\psi)$이고, $\bar{\partial}(\phi \wedge \overline{*}_{\tau}\psi) = \bar{\partial}\phi \wedge \overline{*}_{\tau}\psi + (-1)^{p+q-1}\phi \wedge \bar{\partial}\, \overline{*}_{\tau}\psi$이다.

호지내적은 $(\bar\partial\phi,\,\psi)=(-1)^{p+q}\int_M \phi\wedge\bar\partial\,\overline{*}_\tau\psi$

$$=(-1)^{p+q}\int_M \phi\wedge\overline{*}_\tau(\overline{*}_\tau^{-1}\bar\partial\,\overline{*}_\tau\psi)$$

$$=-\int_M \phi\wedge\overline{*}_\tau(\overline{*}_{\tau^{-1}}\bar\partial\,\overline{*}_\tau\psi)$$

$$=(\phi,\,-\overline{*}_{\tau^{-1}}\bar\partial *_\tau\psi)$$

이므로 $\bar\partial^*=-\overline{*}_{\tau^{-1}}\bar\partial\,\overline{*}_\tau$이다.

(2) 증명은 정리4.2.3의 증명과 같다. ■

주의

(1) 연산자 $\partial:\mathcal{E}^{p,q}(M)\to\mathcal{E}^{p,q+1}(M)$은 **어드조인트연산자**

$\partial^*:\mathcal{E}^{p,q}(M)\to\mathcal{E}^{p,q-1}(M)$, $\partial^*=-\overline{*}\partial\overline{*}$이고,

$\square=\partial\partial^*+\partial^*\partial$라고 정의하면 $\overline{*}\square=\square\overline{*}$이다.

(2) 홀로몰픽 벡타번들 $E\to M$에 대해서는 $\bar\partial$가 $\mathcal{E}^{p,q}(M,E)$에서는 작용하지 않는다. 왜냐하면 전환맵(transition map)이 홀로몰픽이기 때문이다.

정리 4.2.5

M을 n-차원 콤팩트 헐미션 복소다양체라 하자.

켤레선형동형(conjugate linear isomorphism)

$$\phi:\,H^k(M;\mathbb{C})\to H^{2n-k}(M;\mathbb{C})$$

이 존재한다.

증명

M을 $2n$-차원 콤팩트 방향리만다양체로 생각하자.

다음 다이어그램은 교환이다.

$$\begin{array}{ccc} \mathcal{E}^{k}(M) & \xrightarrow{\overline{\ast}} & \mathcal{E}^{2n-k}(M) \\ \downarrow H & & \downarrow H \\ \mathbb{H}^{k}(M) & \xrightarrow{\overline{\ast}} & \mathbb{H}^{2n-k}(M) \\ \downarrow \simeq & & \downarrow \simeq \\ H^{k}(M;\mathbb{C}) & \xrightarrow{\phi} & H^{2n-k}(M;\mathbb{C}) \end{array}$$

여기서 H는 정리4.1.7의 (2)에서 조화폼으로 사영(projection)이고 정리 4.1.9에 의하여 $\mathbb{H}^{k}(M) \simeq H^{k}(M;\mathbb{C})$는 동형이다.

처음의 $\overline{\ast}$는 켤레선형동형이고, $\overline{\ast}\Delta = \Delta\overline{\ast}$ 이므로 둘째 $\overline{\ast}$도 동형으로 잘 정의되어

$$\phi : H^{k}(M;\mathbb{C}) \to H^{2n-k}(M;\mathbb{C})$$

는 합성맵으로 켤레선형동형이다. ■

켤레선형동형 $\phi : H^{k}(M;\mathbb{C}) \to H^{2n-k}(M;\mathbb{C})$를 조화폼으로 제한하면 호지스타 $\overline{\ast} : \mathbb{H}^{k}(M) \to \mathbb{H}^{2n-k}(M)$이다.

또한 적분맵 $\int_M : H^{k}(M;\mathbb{C}) \times H^{2n-k}(M;\mathbb{C}) \to \mathbb{C}$은 비퇴화(nondegenerate)이다. 왜냐하면,

$$w \neq 0 \in H^{k}(M),\ \int_M w \wedge \phi w = \int_M w \wedge \overline{\ast}\, w = \int_M |w|^2 \,\mathrm{vol} > 0$$

이기 때문이다. 따라서 $H^{k}(M;\mathbb{C})^{\ast} \simeq H^{2n-k}(M;\mathbb{C})$이다.

세레듀알정리(Serre duality theorem) **4.2.6**

M을 n-차원 컴팩트 복소다양체라 하고, $E \to M$을 헐미션 홀로몰픽 벡타번들이라고 하자. 그러면 **켤레선형동형**(conjugate linear isomorphism)

$$\phi:\ H^q\big(M;\Omega^p(M,E)\big) \to H^{n-q}\big(M;\Omega^{n-p}(M,E^*)\big)$$

가 존재한다.

증명

M상의 헐미션내적은 호지스타연산자 $\overline{*}$에 사용되었고, 파이버상의 헐미션내적은 켤레선형동형 $\tau:\ E \to E^*$을 정의하는데 사용하였다. 이들로부터 $\overline{*}_\tau:\ \mathcal{E}^{p,q}(M,E) \to \mathcal{E}^{n-p,n-q}(M,E^*)$가 정의되었다. 정리4.2.5에서와 같이 다음 다이어그램이 교환이다.

$$\begin{array}{ccc}
\mathcal{E}^{p,q}(M,E) & \xrightarrow{\overline{*}_\tau} & \mathcal{E}^{n-p,n-q}(M,E^*) \\
\downarrow H & & \downarrow H \\
\mathbb{H}^{p,q}(M;E) & \xrightarrow{\overline{*}_\tau} & \mathbb{H}^{n-p,n-q}(M;E^*) \\
\downarrow \simeq & & \downarrow \simeq \\
H^{p,q}(M;E) & \xrightarrow{\simeq} & H^{n-p,n-q}(M;E^*) \\
\downarrow \simeq & & \downarrow \simeq \\
H^q\big(M;\Omega^p(M,E)\big) & \xrightarrow{\phi} & H^{n-q}\big(M;\Omega^{n-p}(M,E^*)\big)
\end{array}$$

여기서 H는 조화폼으로 사영이고, 둘째 $\overline{*}_\tau$는 첫째 $\overline{*}_\tau$의 제한(restriction)이고, 셋째 동형 $\simeq$는 드람정리의 동형과 둘째 결레동형 $\overline{*}_\tau$의 합성맵이다. 코호몰로지 $H^q\big(M;\Omega^p(M,E)\big)$는 복체

$$0 \longrightarrow \Omega^p(M, E) \longrightarrow \mathcal{E}^{p,0}(M, E) \xrightarrow{\overline{\partial}} \mathcal{E}^{p,1}(M, E) \longrightarrow \cdots$$

의 q-번째 코호몰로지이고 ϕ는 이동형들의 합성맵이다.

따라서 ϕ는 $\overline{*}_\tau$와 같은 켤레선형동형이다. ■

4.3 켈러다양체의 코호몰로지분리 (Cohomology Decompositions of Kähler Manifolds)

(M, h)를 헐미션복소다양체라 하자. 헐미션메트릭은 국소적으로 $h = \sum h_{ij} dz_i \otimes \overline{dz_j}$, $h_{ij} = h\left(\frac{\partial}{\partial z_i}, \frac{\partial}{\partial z_j}\right)$이고 (h_{ij})는 **헐미션대칭** $\overline{h_{ij}} = h_{ji}$이고, **양한정**(positive definite) ${}^t\overline{u} h u > 0$, $u \neq 0$이다.

기본폼(fundamental form)은 $\Omega = \frac{i}{2} \sum h_{\mu\nu} dz_\mu \wedge \overline{dz_\nu}$로 표시된다.

일반적으로 기본폼 Ω는 닫혀있지 않다. 즉, $d\Omega \neq 0$이다.

정의 4.3.1

헐미션복소다양체 (M, h)에 대하여 기본폼 Ω이 닫혀있으면 $d\Omega = 0$, h를 **켈러메트릭**(Kähler metric), Ω를 **켈러폼**(Kähler form), (M, h)를 **켈러다양체**(Kähler manifold)라 한다.

예제 4.3.1

(1) $(\mathbb{C}^n, h)$, $h = \sum dz_\mu \otimes \overline{dz_\mu}$은 켈러다양체이다.

왜냐하면 $z_\mu = x_\mu + iy_\mu$라 하면 기본폼은 $\Omega = \frac{i}{2}\sum dz_\mu \wedge d\overline{z_\mu}$ $= \sum dx_\mu \wedge dy_\mu$이며 $d\Omega = 0$이기 때문이다.

(2) $2n$벡터 $w_1, \cdots, w_{2n} \in \mathbb{C}^n$이 $\mathbb{R}$상에서 일차독립이라 하자.

격자군(lattice group) $\Gamma := \left\{ \sum_{i=1}^{2n} n_i w_i \mid n_i \in \mathbb{Z},\ i = 1, \cdots, 2n \right\}$이라 하면 Γ는 $\mathbb{C}^n$에서 평행이동으로 작용한다. 즉, $z \mapsto z + r$, $z \in \mathbb{C}^n$, $r \in \Gamma$이다.

n-차원 **복소토러스**(complex torus) $M := \mathbb{C}^n / \Gamma$는 켈러다양체다. 왜냐하면, 각 원소 $r \in \Gamma$에 대하여 $r : \mathbb{C}^n \to \mathbb{C}^n$은 미분위상동형(diffeomorphism)이고 $r^* h = h$이므로 $(M, \overline{h})$가 헐미션복소다양체이기 때문이다.

만일 $\pi : \mathbb{C}^n \to \mathbb{C}^n / \Gamma = M$을 상맵(quotient map)이라 하면 $h = \pi^* (\overline{h})$이고, 기본폼은 $\Omega = \pi^* (\overline{\Omega})$이다.

그런데 π는 국소미분동형(local diffeomorphism)이다.

국소적으로 $(\pi^{-1})^* h = \overline{h}$이고 $(\pi^{-1})^* \Omega = \overline{\Omega}$이다.

이때 $d\overline{\Omega} = d\big((\pi^{-1})^* \Omega\big) = (\pi^{-1})^* d\Omega = (\pi^{-1})^* (0) = 0$이다.

(3) n-차원 **복소사영공간**(complex projective space)

$$\mathbb{CP}^n = \big\{ [z_0, \cdots, z_n] \mid (z_0, \cdots, z_n) \in \mathbb{C}^{n+1} - \{0\},$$
$$\lambda \in S^1,\ (z_0, \cdots, z_n) \sim \lambda(z_0, \cdots, z_n) \big\}\text{이며,}$$

$$\mathbb{CP}^n = \bigcup_{i=]}^{n} U_i,\ \ U_i = \big\{ [z_0, \cdots, z_n] \in \mathbb{CP}^n \mid z_i \neq 0 \big\}\text{이다.}$$

특히 $U_0 = \{[1, z_1, \cdots, z_n] \mid z_i \in \mathbb{C},\ i = 1, \cdots, n\} \simeq \mathbb{C}^n$이다.

맵 $\rho: U_0 \to \mathbb{R}$을 $\rho(1, z_1, \cdots, z_n) = 1 + \sum_{i=1}^{n} z_i \overline{z_i}$로 정의하면

(1.1) 타입 2-폼

$$\Omega = \frac{i}{2}\partial\overline{\partial} \log \rho(1, z_1, \cdots, z_n)$$

$$= \frac{i}{2} \frac{(1+|z|^2)\sum_{i=1}^{n} dz_i \wedge d\overline{z_i} - \sum_{i,j=1}^{n} \overline{z_i} z_j dz_i \wedge d\overline{z_j}}{(1+|z|^2)^2}$$

이 되고, $d\Omega = 0$이다.

Ω를 기본폼으로 하는 메트릭

$H(\cdot, \cdot) = \Omega(\cdot, J\cdot) - 2i\Omega(\cdot, \cdot)$는 켈러메트릭이 된다.

이때 h를 **푸비니-스터디메트릭**(Fubini-Study metric)이라 한다.

계산하면 $h_{\mu\nu} = \dfrac{(1+|z|^2)\delta_{\mu\nu} - \overline{z_\mu} z_\nu}{(1+|z|^2)^2}$이고, 켈러메트릭은

$$h = \sum_{\mu,\nu=1}^{n} h_{\mu\nu} dz_\mu \otimes d\overline{z_\nu}$$ 이다.

따라서 $(\mathbb{CP}^n, h)$는 켈러다양체다.

(4) (M, h)가 켈러다양체이면 M의 복소부분다양체 $N \subset M$도 제한메트릭 $h|_N$을 켈러메트릭으로 갖는 켈러다양체이다.

(M, h)를 켈러다양체라 하자.

켈러메트릭 h에 의하여 어드조인트(adjoint)연산자 d^*, ∂^*, $\overline{\partial}^*$와 라플라스연산자 $\Delta = dd^* + d^*d$, $\Box = \partial\partial^* + \partial^*\partial$, $\overline{\Box} = \overline{\partial}\,\overline{\partial}^* + \overline{\partial}^*\overline{\partial}$가 정의된다.

정리 4.3.1

켈러다양체 (M,h)에 대하여, 다음이 성립된다.

(1) $\Delta * = * \Delta$,

(2) $\Delta = 2\Box = 2\overline{\Box}$,

(3) $(\Omega\wedge)\circ\Delta = \Delta\circ(\Omega\wedge)$, $i(\Omega)\circ\Delta = \Delta\circ i(\Omega)$.

여기서 $(\Omega\wedge)\phi = \Omega\wedge\phi$이고,

$i(\Omega)$는 Ω의 **내곱**(interior multiplication)이다. ■

증명은 참고문헌을 참조하시오.

주의

외적은 $\Omega\wedge : \mathcal{E}^p(M)\to\mathcal{E}^{p+2}(M)$, $(\Omega\wedge)\phi = \Omega\wedge\phi$이고

내곱은 $i(\Omega): \mathcal{E}^p(M)\to\mathcal{E}^{p-2}(M)$, $(i(\Omega)\phi, \psi) = (\phi, \Omega\wedge\psi)$이다.

(M,h)을 콤팩트 헐미션복소다양체라 하자.

복소수에서 값을 갖는 p-폼 $\mathcal{E}^p(M) = \Gamma(\Lambda^p(T^*M)\otimes\mathbb{C})$은

$$\mathcal{E}^p(M) = \bigoplus_{p_1+p_2=p}\mathcal{E}^{p_1,p_2}(M)$$

로 분리된다. 코호몰로지 $H^p(M;\mathbb{C})$, $H^{p_1,p_2}(M)$도 잘 정의된다.

일반적으로 복소다양체 M에서는 $H^p(M;\mathbb{C}) \neq \bigoplus_{p_1+p_2=p} H^{p_1,p_2}(M)$으로 분리되지 않는다.

예를 들면 **호프곡면**(Hopf surface) $M\simeq S^1\times S^3$는 콤팩트 복소다양체이지만 코호몰로지는 분리되지 않는다.

일반적으로 $H^{p,q}(M) \not\subset H^{p+q}(M;\mathbb{C})$이다.

왜냐하면 $\phi \in H^{p+q}(M;\mathbb{C})$는 $\phi = \phi^{p+q,0} + \cdots + \phi^{p,q} + \cdots + \phi^{0,p+q}$로 분리되지만 $\phi^{p,q} \not\in H^{p,q}(M)$이기 때문이다.

정리 4.3.2

(M,h)가 콤팩트 켈러다양체라 하자.

(1) $H^k(M;\mathbb{C}) = \bigoplus_{p+q=k} H^{p,q}(M)$: **호지분리**(Hodge decomposition).

(2) $\overline{H^{p,q}(M)} = H^{q,p}(M)$: **호지대칭**(Hodge symmetry).

증명

(1) 하모닉폼의 코호몰로지가 $\mathbb{H}^k(M;\mathbb{C}) = \bigoplus_{p+q=k} \mathbb{H}^{p,q}(M;\mathbb{C})$임을 보이자.

만일 $\phi \in \mathbb{H}^k(M;\mathbb{C})$이면 $\Delta\phi = 0$이다.

정리3 (2)에 의하여 $\overline{\Box}\phi = 0$이다.

$\phi = \phi^{k,0} + \cdots + \phi^{p,q} + \cdots + \phi^{0,k}$로 분리됨으로

$\overline{\Box}\phi = \overline{\Box}\phi^{k,0} + \cdots + \overline{\Box}\phi^{p,q} + \cdots + \overline{\Box}\phi^{0,k} = 0$이다.

따라서 $\overline{\Box}\phi^{k,0} = \cdots = \overline{\Box}\phi^{p,q} = \cdots = \overline{\Box}\phi^{0,k} = 0$이다.

맵 $\Phi : \mathbb{H}^k(M;\mathbb{C}) \to \mathbb{H}^{k,0}(M) \oplus \cdots \oplus \mathbb{H}^{0,k}(M)$

$$\Phi(\phi) = (\phi^{k,0}, \cdots, \phi^{0,k})$$

을 정의하면 Φ는 단사(injective)이다.

만일 $\psi \in \mathbb{H}^{p,q}(M)$, $p+q=k$이면 $\overline{\Box}\psi = 0$이고

$\frac{1}{2}\Delta\psi = \overline{\Box}\psi = 0$이므로 $\psi \in \mathbb{H}^k(M,\mathbb{C})$이다.

따라서 Φ는 동형이다.

(2) 만일 $\phi \in \mathbb{H}^{p,q}(M)$이면 국소적으로 $\phi = \sum_{\substack{|I|=p\\|J|=q}} a_{IJ} dz_I \wedge d\overline{z_J}$로 표시

되고 $\overline{\phi} = \pm \sum_{\substack{|I|=p\\|J|=q}} \overline{a}_{IJ} dz_J \wedge d\overline{z_I}$이므로 $\overline{\phi} \in \mathbb{H}^{q,p}(M)$이다.

따라서 $\overline{\mathbb{H}^{p,q}}(M) \subset \mathbb{H}^{q,p}(M)$이다.

같은 방법으로 $\overline{\mathbb{H}^{q,p}}(M) \subset \mathbb{H}^{p,q}(M)$이 되고

$$\mathbb{H}^{p,q}(M) = \overline{\overline{\mathbb{H}^{q,p}}}(M) \subset \mathbb{H}^{p,q}(M)\text{이다.}$$

그러므로 $\overline{\mathbb{H}^{p,q}}(M) = \mathbb{H}^{q,p}(M)$이다.

계 4.3.3

M이 콤팩트 켈러다양체이고, **호지수**(Hodge number)를

$$h^{p,q}(M) := \dim H^{p,q}(M)$$

라 하면, 다음이 성립된다.

(1) $b_k(M) = \sum_{p+q=k} h^{p,q}(M)$, $h^{p,q}(M) = h^{q,p}(M)$,

(2) 만일 k가 홀수이면 베티수 $b_k(M)$은 짝수다. ■

(M, h)를 n-차원 컴팩트 켈러다양체라 하자.

켈러메트릭은 $h = g + (-2i)\Omega$로 나타나며 기본류인 켈러폼 Ω는 닫힌폼으로 코호몰로지류

$$[\Omega] := l \in H^{1,1}(M) \cap H^2(M;\mathbb{R})$$

은 **실폼**(real form)이다.

켈러메트릭에 의하여 미분연산자 ; d, d^*, ∂, ∂^*, $\overline{\partial}$, $\overline{\partial}^*$ 그리고 Δ, $\square$, $\overline{\square}$가 정의된다.

정리4.3.1에 의하여 라플라스연산자는 호지스타와 교환이며, $\Delta = 2\Box = 2\overline{\Box}$ 를 만족한다.

주의

(1) 라플라스 연산자 Δ, $\Box$, $\overline{\Box}$ 는 실연산자(real operator)이다.

(2) Δ, $\Box$, $\overline{\Box}$: $\mathcal{E}^{p,q}(M) \rightarrow \mathcal{E}^{p,q}(M)$이다.

코호몰로지의 렆셔츠분리(Lefschetz decomposition)을 알기 위해서는 리군 $SL(2, \mathbb{C})$과 리대수 $sl(2, \mathbb{C})$의 표현(representation)과 그의 비축소분리(irreducible decomposition)을 소개해야 한다.
자세한 내용은 부록A를 참고하기 바랍니다.

켈러폼은 $\Omega \in \mathcal{E}^{1,1}(M)$이며 외적과 내곱은

$$\begin{array}{ccc} \mathcal{E}^{p,q}(M) & \xrightarrow{\ \Omega\wedge\ } & \mathcal{E}^{p+1,q+1}(M) \\ & \searrow_{i(\Omega)} & \mathcal{E}^{p-1,q-1}(M) \end{array}$$

이다.

보조정리 4.3.4

각 k-폼 $\phi \in \mathcal{E}^{k}(M)$은 $\phi = \bigoplus_{2p \leq k} \Omega^{p} \wedge \phi_{p}$로 유일하게 표시된다.

여기서 $\phi_{p} \in \mathcal{E}^{k-2p}(M)$이며 $i(\Omega)\phi_{p} = 0$이다.

이때 ϕ_{p}를 **원초폼**(primitive form)이라 한다. ■

렆셔츠 정리(Lefschetz theorem) **4.3.5**

(M, h)를 n-차원 콤팩트 켈러다양체라 하고, Ω을 켈러폼, $l = [\Omega]$을 기본류라 하자.

(1) 컵맵(cup map)

$$l^{n-k} \cup \,:\, H^k(M;\mathbb{C}) \to H^{2n-k}(M;\mathbb{C})$$

은 선형동형이다.

(2) $H^k(M;\mathbb{C}) = \bigoplus_{2p \le k} l^p \cup H_0^{k-2p}(M;\mathbb{C}),$

여기서 $H_0^{k-2p}(M;\mathbb{C}) := \mathrm{Ker}\,[l^{n-k+2p+1} \cup \,:$

$$H^{k-2p}(M;\mathbb{C}) \to H^{2n-k+2p+1}(M;\mathbb{C})]$$

이고, 이를 **원초코호몰로지**(primitive cohomology)라 한다.

(3) $H^{p,q}(M) = \bigoplus_{2r \le p+q} l^r \cup H_0^{p-r,\,q-r}(M;\mathbb{C}),$

여기서 $H_0^{p-r,\,q-r}(M;\mathbb{C}) := \mathrm{Ker}\,[l^{n-p-q+2r+1} \cup \,:$

$$H^{p-r,\,q-r}(M;\mathbb{C}) \to H^{n-p+r+1,\,n-q+r+1}(M;\mathbb{C})]$$ 이다. ■

주의

렆셔츠정리4.3.5는 제8장 렆셔츠추측을 이해하는데 중요한 역할을 한다.

(1)을 **어려운 렆셔츠정리**(hard Lefschetz theorem)이라고 한다.

(2)와 (3)을 **렆셔츠분리정리**(Lefschetz decomposition theorem)이라고 한다.

CHAPTER 05 복소글라스만다양체 (Complex Grassmann Manifold)

글라스만다양체는 실글라스만과 복소글라스만다양체가 있다. 이 장에서는 복소글라스만다양체만 취급하고, 편의상 글라스만다양체라 하자. 글라스만다양체는 복소다양체, 켈러다양체이며 호지다양체로서 CW-복체(CW-complex) 구조를 갖은 중요하고 구체적인 다양체의 예이다.

글라스만다양체는 짝수차원의 셀(even dimension cell)로 구성된 CW-복체구조로부터 호몰로지군, 코호몰리지군을 쉽게 구할 수 있고, 글라스만다양체 상의 전복소벡타번들(universal complex vector bundle)로부터 다양체상의 벡타번들이 유도된다. 이에 따라 글라스만다양체를 분류공간(classifying space)이라 부른다.

5.1 글라스만다양체의 정의(Definition of Grassmann Manifold)

$\mathbb{C}^{n+1} = \mathbb{C} \times \cdots \times \mathbb{C}$, $n+1$번의 적(product)을 $(n+1)$-차원 복소벡타공간(complex vector space)라 하자.

$$GL(n+1;\mathbb{C})$$
$$= \{A : \mathbb{C}^{n+1} \to \mathbb{C}^{n+1} \mid A : \text{복소선형맵},\ \det(A) \neq 0\}$$

을 $(n+1)$변수에서 **복소일반선형군**(complex general linear group)이라 한다.

$$U(n+1)=\left\{A\in GL(n+1;\mathbb{C})\mid A\,{}^t\overline{A}=I_{\mathbb{C}^{n+1}}\text{ 항등행렬}\right\}$$

을 **유니타리군**(unitary group)이라 한다.

$$\begin{aligned}&GL(k+1,n-k\,;\,\mathbb{C})\\&:=\left\{A\in GL(n+1;\mathbb{C})\mid A=\underbrace{\left(\begin{array}{c:c}* & 0\\ \hdashline * & *\end{array}\right)}_{k+1\ \ n-k}\begin{matrix}]k+1\\]n-k\end{matrix}\ -\text{폼의 행렬}\right\}\end{aligned}$$

은 $GL(n+1;\mathbb{C})$의 부분군(subgroup)이다.

정의 5.1.1

정수 $k\geq 0$에 대하여

$$\begin{aligned}&Gr(k+1,n+1\,;\,\mathbb{C})\\&:=\{V\subset\mathbb{C}^{n+1}\mid V\text{는 }(k+1)-\text{차원 복소부분벡타공간}\}\end{aligned}$$

을 (복소)**글라스만다양체**(complex Grassmann manifold)라 부른다.

주의

(1) $\phi:\mathbb{C}^{n+1}-\{0\}\to\mathbb{CP}^n$, $\phi(X)=\{\lambda X\mid\lambda\in\mathbb{C}\}$을 사영맵(projection map)이라 하자.

$V\subset\mathbb{C}^{n+1}$이 $(k+1)$-차원 복소부분벡타공간,

즉 $V\in Gr(k+1,n+1\,;\,\mathbb{C})$이면, $\phi(V):=[V]$은 $\mathbb{CP}^n$의 k-차원 복소선형부분공간(complex linear subspace)이다.

즉

$$\begin{aligned}&Gr(k+1,n+1\,;\,\mathbb{C})\\&\quad=\{\phi(V)=[V]\in\mathbb{CP}^n\mid V\in Gr(k+1,n+1\,;\,\mathbb{C})\}\end{aligned}$$

이다.

(2) 글라스만다양체

$$Gr(k+1, n+1; \mathbb{C}) = \frac{GL(n+1;\mathbb{C})}{GL(k+1, n-k;\mathbb{C})} = \frac{U(n+1)}{U(k+1)\times U(n-k)}$$

로 나타낼 수 있다.

처음 등식에서 글라스만다양체의 복소차원은

$$\begin{aligned}&\dim Gr(k+1, n+1;\mathbb{C})\\ &= \dim GL(n+1;\mathbb{C}) - \dim GL(k+1, n-k;\mathbb{C})\\ &= (n+1)^2 - (k+1)^2 - (n-k)^2 - (k+1)(n-k)\\ &= (k+1)(n-k)\end{aligned}$$

이다.

둘째 등식으로부터 $U(n+1)/U(k+1)\times U(n-k)$는 콤팩트이다.

정리 5.1.2

글라스만다양체 $Gr(k+1, n+1;\mathbb{C})$는 $(k+1)(n-k)$-차원 컴팩트 복소다양체이다. ■

집합 $\{e_0, e_1, \cdots, e_n\}$을 복소공간 $\mathbb{C}^{n+1}$의 플래임(frame)이라 하자. $\mathbb{C}^{n+1}$의 $(k+1)$-벡타 $X_0, \cdots, X_k$가 일차독립이면 이들로 생성된 $(k+1)$-차원공간은 $[X_0, \cdots, X_k] \in Gr(k+1, n+1;\mathbb{C})$이다. 이때 쐐기(wedge) $\Lambda = X_0 \wedge \cdots \wedge X_k \neq 0$이고, 만일 $[X_0', \cdots, X_k'] = [X_0, \cdots, X_k]$이면 $X_0' \wedge \cdots \wedge X_n' = \lambda(X_0 \wedge \cdots \wedge X_n) = \lambda\Lambda$, $\lambda \neq 0$이다.

$\mathbb{C}^{n+1}$의 고정된 플래임 $e_0, \cdots, e_n$에 따라 전개하면

$$\Lambda = \sum_{\alpha_0, \cdots, \alpha_k} P_{\alpha_0 \cdots \alpha_k} e_{\alpha_0} \wedge \cdots \wedge e_{\alpha_k},\ 0 \leq \alpha_0, \cdots, \alpha_k \leq n$$

이 된다. P는 인덱스 $\alpha_0 \cdots \alpha_k$에 반교환(skew symmetry)이고, 플래임 선택에 따라 상수만큼 차이가 있다.
따라서 글라스만다양체 $Gr(k+1, n+1; \mathbb{C})$는 사영공간에 매장(embedding) 할 수 있고, 고다이라 매장정리에 따르면 호지다양체이다. (제6장 참조)

정리 5.1.3

(1) 맵 $\psi: Gr(k+1, n+1; \mathbb{C}) \to \mathbb{CP}^N$,

$\psi([X_0, \cdots, X_k]) = [X_0 \wedge \cdots \wedge X_k] = [\Lambda]$은 매장이다.

여기서 $N = {}_{n+1}C_{k+1} - 1$이다.

(2) $Gr(k+1, n+1; \mathbb{C}) \simeq \mathrm{Im}(\psi) \subset \mathbb{CP}^N$은 호지다양체(Hodge manifold)이다. ■

5.2 슈벨트벌라이어티(Schubert Variety)

글라스만다양체 $Gr(k+1, n+1; \mathbb{C})$를 슈벨트벌라이어티에 의한 **셀 분해**(cell decomposition)을 해보자.
복소공간 $\mathbb{C}^{n+1}$ 대신 사영복소공간 $\mathbb{CP}^n$에서 **선형공간열**(linear space sequence)

$$L_0 \subset L_1 \subset \cdots \subset L_{n-1} \subset \mathbb{CP}^n$$

을 고정하자.

열 $0 \leq a_0 \leq a_1 \leq \cdots \leq a_k \leq n-k$에 대하여

$$0 \subset L_{a_0} \subset L_{a_1+1} \subset \cdots \subset L_{a_k+k} \subset \mathbb{CP}^n$$

라 하자. 여기서 $\dim_{\mathbb{C}}(L_{a_i+i}) = a_i + i$이다.

정의 5.2.1

열 $0 \leq a_0 \leq a_1 \leq \cdots \leq a_k, \leq n-k$에 대하여 집합

$$(a_0\, a_1 \cdots a_k)$$
$$:= \{X \in Gr(k+1, n+1; \mathbb{C}) \mid \dim_{\mathbb{C}}(X \cap L_{a_i+i}) \geq i,\ 0 \leq i \leq k\}$$

를 **슈벨트벌라이어티**(Schubert Variety)라 한다.

보조정리 5.2.2

(1) $(a_0\, a_1 \cdots a_k)$는 $Gr(k+1, n+1; \mathbb{C})$의 폐부분집합(closed subset)이다.

(2) $\dim_{\mathbb{C}}(a_0\, a_1 \cdots a_k) = a_0 + a_1 + \cdots + a_k$이다. ■

예제 5.2.3

글라스만다양체 $Gr(k+1, n+1; \mathbb{C})$에 대하여

(1) $(a_0\, a_1 \cdots a_k) := (n-k \cdots n-k)$

$= \{X \in Gr(k+1, n+1; \mathbb{C}) \mid \dim(X \cap L_{n-k+i}) \geq i,$

$0 \leq i \leq k\}$

$= Gr(k+1, n+1; \mathbb{C})$.

여기서 $X \subset \mathbb{CP}^n$, $\dim_{\mathbb{C}} X = k$이다.

(2) $(0 \cdots 0)$

$= \{X \in Gr(k+1, n+1; \mathbb{C}) \mid \dim(X \cap L_j) \geq j,\ 0 \leq j \leq k\}$

$= \{L_k\} = \{\mathbb{C}^{k+1}\} = \{\mathrm{pt}\}$.

(3) $(0 \cdots 0 \underbrace{1 \cdots 1}_{r})$

$= \{X \in Gr(k+1, n+1; \mathbb{C}) \mid L_{k-r} \subset X \subset L_{k+1}\}$. ■

글라스만다양체 $Gr(k+1, n+1; \mathbb{C})$의 슈벨트벌라이어티 $(a \cdots a_k)$는 폐부분집합이다. 그의 **내부**(interior)를

$$(a_0 \cdots a_k)^0 := (a_0 \cdots a_k) - \bigcup_{a_{i-1} < a_i} (a_0 \cdots a_{i-1}\ a_i - 1 \cdots a_k)$$

로 정의한다.

정리 5.2.3

(1) $(a_0 \cdots a_k)^0$는 $2(a_0 + \cdots + a_k)$-차원 **개셀**(open cell)이다.

(2) $Gr(k+1, n+1; \mathbb{C}) = \bigcup_{(a_0 \cdots a_k)} (a_0 \cdots a_k)^0$

는 **서로소**(mutually disjoint)인 개셀(open cell)의 합집합이다.

증명

(1)은 정의에 의하여 자명하다.

(2) 각 원소 $X \in Gr(k+1, n+1, \mathbb{C})$는 $X \in (a_0 \cdots a_k)$에 들어가고 유일한 $(b_0 \cdots b_k)^0$에 들어간다. ■

예제 5.2.4

글라스만다양체에서 $k=0$이면

$$Gr(1, n+1; \mathbb{C}) = \mathbb{CP}^n \supset \mathbb{CP}^{n-1} \supset \cdots \supset \mathbb{CP}^1 \supset \mathbb{CP}^0$$

이며

$$\begin{aligned} \mathbb{CP}^n &= (n)^0 \cup (n-1)^0 \cup \cdots \cup (1)^0 \cup (0)^0 \\ &= (\mathbb{CP}^n - \mathbb{CP}^{n-1}) \cup (\mathbb{CP}^{n-1} - \mathbb{CP}^{n-2}) \cup \cdots \cup \\ &\quad\ (\mathbb{CP}^1 - \mathbb{CP}^0) \cup \mathbb{CP}^0 \\ &= e^{2n} \cup e^{2n-2} \cup \cdots \cup e^2 \cup e^0 \end{aligned}$$

는 $2n, 2n-2, \cdots, 2, 0$차원의 서로소인 개셀의 합집합이다. ■

정리5.2.3에 의하면 $Gr(k+1, n+1; \mathbb{C})$의 슈벨트벌라이어티의 내부 $(a_0 \cdots a_k)^0$는 $2(a_0 + \cdots + a_k)$-차원 개셀이고 그의 경계(boundary)는 $[2(a_0 + \cdots + a_k) - 2]$-차원 이하이다.

슈벨트벌라이어티 $(a_0 \cdots a_k)$에서

$0 \le a_0 \le \cdots \le a_k \le n-k$, $a_0 + \cdots + a_k = r$이라 하자.

정의 5.2.5

정수 $r \ge 0$의 $(k+1)$-**분할**(partition)은

$(a_0 \cdots a_k)$로서 $0 \le a_0 \le \cdots \le a_k \le n-k$, $a_0 + \cdots + a_k = r$을 만족한다. 그리고 r의 분할의 수를 $P(r)$라고 쓰자.

예제 5.2.6

큰 정수 $n \gg 0$에 대하여 5의 3-분할은 (0 0 5), (0 1 4), (0 2 3), (1 1 3), (1 2 2)이고, 5의 분할의 개수는 $P(5)=5$이다.

정리 5.2.7

글라스만다양체 $Gr(k+1, n+1; \mathbb{C})$에 대하여

(1) 슈벨트벌라이어티 $(a_0 \cdots a_k)$는 싸이클(cycle)이다.

즉, $a_0 + \cdots + a_k = r$이면, 경계맵은

$$\partial : C_{2r}(Gr(k+1, n+1; \mathbb{C}) \to C_{2r-1}(Gr(k+1, n+1, \mathbb{C})),$$

$\partial(a_0 \cdots a_k) = 0$이다.

(2) $Gr(k+1, n+1; \mathbb{C})$는 단순연결(simply connected)이다.

왜냐하면 1-셀이 없기 때문이다.

(3) 호몰로지군 $H_l(Gr(k+1, n+1; \mathbb{C}); \mathbb{Z})$

$$= \begin{cases} \mathbb{Z}^{P(r)}, & l = 2r \leq 2(k+1)(n-k) \\ 0, & l: \text{홀수} \end{cases}$$

$$\simeq H^l(Gr(k+1, n+1; \mathbb{C}); \mathbb{Z}),$$

$$H_{2r}(Gr(k+1, n+1; \mathbb{C}); \mathbb{Z})$$

$$= \mathbb{Z}\{(a_0 \cdots a_k) \mid 0 \leq a_0 \leq a_1 \leq \cdots \leq a_k \leq n-k,$$

$$a_0 + \cdots + a_k = r\}$$

는 슈벨트벌라이어티가 기저(basis)이고 그 수는 r의 분할수 $P(r)$과 같다. ■

예제 5.2.8

글라스만다양체 $Gr(3,5;\mathbb{C}) = (0\ 0\ 0)^0 \cup (0\ 0\ 1)^0 \cup (0\ 0\ 2)^0 \cup (0\ 1\ 1)^0 \cup (0\ 1\ 2)^0 \cup (0\ 2\ 2)^0 \cup (1\ 1\ 1)^0 \cup (1\ 1\ 2)^0 \cup (1\ 2\ 2)^0 \cup (2\ 2\ 2)^0$ 의 서로소인 개셀의 합집합니다.

호몰로지군을 $H_n(Gr(3,5;\mathbb{C});\mathbb{Z}) := H_n$라 간략히 쓰면

$$
\begin{aligned}
&H_0 = \mathbb{Z} = \langle (0\ 0\ 0) \rangle,\ H_1 = 0 \\
&H_2 = \mathbb{Z} = \langle (0\ 0\ 1) \rangle,\ H_3 = 0 \\
&H_4 = \mathbb{Z}^2 = \langle (0\ 0\ 2), (0\ 1\ 1) \rangle,\ H_5 = 0 \\
&H_6 = \mathbb{Z}^2 = \langle (0\ 1\ 2), (1\ 1\ 1) \rangle,\ H_7 = 0 \\
&H_8 = \mathbb{Z}^2 = \langle (0\ 2\ 2), (1\ 1\ 2) \rangle,\ H_9 = 0 \\
&H_{10} = \mathbb{Z} = \langle (1\ 2\ 2) \rangle,\ H_{11} = 0 \\
&H_{12} = \mathbb{Z} = \langle (2\ 2\ 2) \rangle
\end{aligned}
$$

이다.

또한 모든 n에 대하여,

$$
\begin{aligned}
H_n(Gr(3,5;\mathbb{C});\mathbb{Z}) &\simeq H_n(Gr(3,5;\mathbb{C});\mathbb{Z})^* \\
&\simeq H^n(Gr(3,5;\mathbb{C});\mathbb{Z})
\end{aligned}
$$

이다.

5.3 글라스만다양체의 응용 (Applications of Grassmann Manifold)

원소 $[X_0, \cdots, X_k] \in Gr(k+1, n+1; \mathbb{C})$를 $[\Lambda] = [X_0, \cdots, X_k]$라 쓰자. 번들의 전공간을

$U := \{([\Lambda], v) \mid [\Lambda] \in Gr(k+1, n+1; \mathbb{C}),\ v \in \mathbb{C}^{n+1},\ \Lambda \wedge v = 0\}$

라 하고 사영맵을

$\pi: U \to Gr(k+1, n+1; \mathbb{C}),\ ([\Lambda], v) \mapsto [\Lambda]$로 정의하면,

$$\mathbb{C}^{k+1} \longrightarrow U \xrightarrow{\pi} Gr(k+1, n+1; \mathbb{C})$$

는 $(k+1)$-차원 복소벡타번들이 된다.

정리 5.3.1

M이 콤팩트 미분다양체로서 $\dim_{\mathbb{R}} M \le 2(n-k)$라 하자.

집합 $\{E \to M: (k+1)-$차원 복소벡타번들$\}$과 집합

$[M, Gr(k+1, n+1; \mathbb{C})] := \{[f] \mid f: M \to Gr(k+1, n+1, \mathbb{C}):$ 연속맵, $[f]$는 f의 호모토피류$\}$는 **일대일대응**(one-to-one correspondence)이다.

즉, 모든 $(k+1)$-차원 번들 $E \to M$에 대하여 맵

$f: M \to Gr(k+1, n+1; \mathbb{C})$가 존재하여 $E \simeq f^* U$이고,

두 맵 $f_1 \simeq f_2: M \to Gr(k+1, n+1; \mathbb{C})$이 호모토픽이면

$f_1^* U \simeq f_2^* U$ 번들동형이다. ■

정의 5.3.2

정리5.3.1에 의하여 벡타번들 $\mathbb{C}^{k+1} \to U \to Gr(k+1, n+1; \mathbb{C})$를 **전번들**(universal bundle)이라 하고, 글라스만다양체 $Gr(k+1, n+1; \mathbb{C})$를 **분류공간**(classifying space)라 한다.

정의 5.3.3

(1) 정리5.2.7의 (3)에 의하면 $H^{2r}(Gr(k+1, n+1; \mathbb{C}))$와 $H_{2r}(Gr(k+1, n+1; \mathbb{C}))$가 동형이므로 동형호몰로지류 $(0 \cdots 0 \underbrace{1 \cdots 1}_{r})$에 해당하는 코호몰로지류를 **전번들의** r**-번째 천류**(Chern class) $c_r(U)$로 정의한다. 즉,

$$\int_{(a_0 \cdots a_k)} c_r(U) = \begin{cases} 1 & (a_0 \cdots a_k) = (0 \cdots 0 \underbrace{1 \cdots 1}_{r}) \\ 0 & (a_0 \cdots a_k) \neq (0 \cdots 0\, 1 \cdots 1) \end{cases}$$

(2) 정리5.3.2에 의하여 M상의 $(k+1)$-차원 복소벡타번들 E은 맵 $f: M \to Gr(k+1, n+1; \mathbb{C})$이 존재하여 $E \simeq f^*(U)$이다.

번들 $E \to M$의 r-번째 **천류**(r-th Chern class)를

$$c_r(E) = f^*(c_r(U)),\ r = 0, 1, \cdots, k+1$$

로 정의한다.

M을 k-차원 콤팩트 복소다양체라 하자.

탄젠트 번들 $TM \to M$은 k-차원 복소벡타번들이다.

정리 5.3.4

위의 가정에서

$$\int_M c_k(TM) = \chi(M)$$

이다. 여기서 $\chi(M)$은 M의 **오일러지수**(Euler index)이다.

증명

전체의 흐름을 잡기 위하여 대략 줄거리를 소개하자.

정의5.3.3에 의하여 $c_k(U) \in H^{2k}(Gr(k+1, n+1;\mathbb{C});\mathbb{Z})$로서 슈벨트싸이클(1 ⋯ 1) ($k$개 1)에서 값이 1이고 그외에서는 0이다. 포앙카레 듀알에 의하여 슈벨트싸이클 $(n-k \cdots\ n-k) \in H_{2k(n-k)}(Gr(k+1, n+1;\mathbb{C});\mathbb{Z})$이 대응된다.

정의에 의하면 슈벨트싸이클

$$(n-k \cdots n-k) = \{X \in Gr(k+1, n+1;\mathbb{C}) \mid X \subset L\}.$$

여기서 L은 $\mathbb{C}^{n+1}$의 고정된 초공간(hyperspace)이다.

벡터 $v_0 \in \mathbb{C}^{n+1}$를 v_0와 L이 수직(orthogonal)이라 하자.

이때 $\mathbb{C}^{n+1} = \mathbb{C}v_0 \oplus L$이다.

정리5.3.1에 의하여 탄젠트번들 $TM \rightarrow M$에 해당하는 맵

$$f : M \rightarrow Gr(k+1, n+1;\mathbb{C}),\ f^* U = TM$$

을 택하자.

각 점 $x \in M$에 대하여 v_0를 k-차원 공간 $f(x) \subset \mathbb{C}^{n+1}$에 직교사영(orthogonal projection) $v(x)$라 하면 $(f(x), v(x)) \in U_x \subset U$이다.

$$
\begin{array}{ccc}
\mathbb{C}^k & & \mathbb{C}^k \\
\downarrow & & \downarrow \\
TM & & U \\
\downarrow \uparrow V & & \downarrow \uparrow v \\
M & \xrightarrow{\quad f \quad} & Gr(k, n+1, \mathbb{C})
\end{array}
$$

M상의 벡타장 $V: M \to TM$을 $V(x) = f^*(v(x))$, $x \in M$으로 정의하자. $V(x) = 0$일 필요충분조건은 $f(x) \in L$이다. M의 오일러지수는 **포앙카레-호프**(Poincaré-Hopf)**정리**에 의하여

$$\chi(M) = \sum_{V(x)=0} \operatorname{index}(x) = \int_M c_k(TM)$$

이다. ■

우리에게 친숙한 짝수차원 구 S^{2n}의 복소구조(complex structure)에 대하여 알아보자.

보트정리(Bott theorem) **5.3.5**

만일 $E \to S^{2n}$이 n-차원 복소벡타번들이라 하면

$\int_{S^{2n}} c_n(E)$은 $(n-1)!$로 나누어진다. ■

만일 S^{2n}이 복소구조를 가졌다면 $TS^{2n} \to S^{2n}$은 n-차원 복소벡타번들이다.

정리5.3.4에 의하여

$$\int_{S^{2n}} c_n(TS^{2n}) = \chi(S^{2n})$$

이고 $\chi(S^{2n}) = 2$이므로 정리5.3.5에 의하여 2는 $(n-1)!$로 나누어져야 한다. 따라서 $n \leq 3$이다.

정리 5.3.6

(1) S^{2n}, $n \geq 4$는 복소구조가 없다.

(2) S^4는 복소구조가 없음이 알려져 있다.

(3) S^2와 S^6는 복소구조가 있다.

(4) 실제로 S^2는 호지다양체이고, S^6가 복소다양체인가?는 아직 미해결 문제이다. ■

정리5.1.3에 의하여 글라스만다양체

$$Gr(k+1, n+1; \mathbb{C}) \subset \mathbb{CP}^N,\ N = {}_{n+1}C_{k+1} - 1$$

는 사영복소공간에 매장된다.

사영복소공간 $\mathbb{CP}^N$은 프비니-스터디 메트릭이 있고 그의 기본폼은 닫혀있어 켈러폼이며 정수폼(integral form)이어서 호지폼이 된다. 사영복소공간의 복소부분공간 역시 메트릭과 기본폼의 제한으로서 켈러다양체이며 호지다양체가 된다.

정리 5.3.7

글라스만다양체 $Gr(k+1, n+1; \mathbb{C})$는 켈러다양체이며 호지다양체이다. ■

CHAPTER 06

고다이라 매장(Kodaira Embedding)

호지다양체는 켈러다양체로서 그의 기본폼(fundamental form)이 정수류(integral class)이다. 고다이라(Kodaira) 정리에 의하면 콤팩트 복소다양체가 호지다양체일 필요충분조건은 그 다양체가 복소사영공간(comlex projective space) $\mathbb{CP}^n$에 복소부분다양체로 매장할 수 있음이다. 초우정리(Chow theorem)에 의하면 복소사영공간 내의 복소부분다양체는 대수적이다.
즉, 동차 다항식(homogeneous polynomial)의 공동해(common zero)의 집합이다. 따라서 호지다양체에서는 해석학적 문제를 대수학적 문제로 간소화할 수 있다.

6.1 호지다양체(Hodge Manifolds)

켈러다양체 M이 켈러메트릭 h와 그의 켈러폼(혹은 기본폼) Ω을 가졌다고 하자. 그러면 코호몰로지류는 $[\Omega] \in H^2(M;\mathbb{R}) \cap H^{1,1}(M)$이다.

정의 6.1.1

켈러다양체 (M, h, Ω)에서 기본폼 Ω가 **정수류**(integral class) $[\Omega] \in H^2(M;\mathbb{Z})$일 때 (M, h, Ω)를 **호지다양체**(Hodge manifold), h를 **호지메트릭**(Hodge metric), Ω를 **호지폼**(Hodge form)이라 한다.

예제 6.1.2

(1) n-차원 복소사영공간 $\mathbb{CP}^n$의 개부분집합

$$U=\{[z_0, \cdots, z_n]\in \mathbb{CP}^n \mid z_0 \neq 0\}\simeq \mathbb{C}^n$$

$$[z_0, \cdots, z_n]=\left[1, \frac{z_1}{z_0}, \cdots, \frac{z_n}{z_0}\right]=[1, w_1, \cdots, w_n]$$

$$\text{여기서 } w_i := \frac{z_i}{z_0},\ i=1, \cdots, n,$$

에서 메트릭, 곡률, 기본폼 그리고 천류와의 관계를 알아보자.

$L\to \mathbb{CP}^n$을 **전복소라인번들**(universal complex line bundle)이라 하자. 국소적으로 U에 대한 $L_U \simeq U\times \mathbb{C}\subset U\times \mathbb{C}^{n+1}$이다.

L상의 헐미션메트릭 $\tilde{h}(u, v)=\langle u, v\rangle={}^t\overline{v}\cdot u,\ u, v\in \mathbb{C}^{n+1}$이다. $\tilde{h}$에 양립(compatible)하는 곡률은

$$\tilde{\Theta}=\overline{\partial}\partial\log\tilde{h}=-\frac{\langle z, z\rangle\langle dz, dz\rangle-\langle dz, z\rangle\wedge\langle z, dz\rangle}{\langle z, z\rangle^2}$$

$$=-\frac{|z|^2\sum_{i=0}^{n}dz_i\wedge d\overline{z_i}-\sum_{i,j=0}^{n}\overline{z_i}z_j dz_i\wedge d\overline{z_j}}{|z|^4}$$

여기서 $z=(z_0, \cdots z_n)$는 홀로모르픽 좌표계이다.

L의 천류는 $c_1(L)=\frac{i}{2\pi}\tilde{\Theta}\in H^2(\mathbb{CP}^n;\mathbb{Z})$이다. 특히

$$\int_{\mathbb{CP}^1}c_1(L)=\frac{i}{2\pi}\int_{\mathbb{C}}\frac{-dz\wedge d\overline{z}}{(1+|z|^2)}=-1$$

이다. $\mathbb{CP}^n$에서 2-폼 $\Omega=\frac{i}{2\pi}(-\tilde{\Theta})$

$$= \frac{i}{2} \frac{|z|^2 \sum_{i=0}^{n} dz_i \wedge d\overline{z_i} - \sum_{i,j=0}^{n} \overline{z_i} z_j dz_i \wedge d\overline{z_j}}{\pi \cdot |z|^4}$$

$$= \frac{i}{2} \frac{(1+|w|^2) \sum_{i=1}^{n} dw_i \wedge d\overline{w_i} - \sum_{i,j=1}^{n} \overline{w_i} w_j dw_i \wedge d\overline{w_j}}{\pi(1+|w|^2)^2}$$

여기서 $w_i = \frac{z_i}{z_0}$, $i = 1, \cdots, n$이다.

만일 $h_{ij} = \frac{(1+|w|^2)\delta_{ij} - \overline{w_i} w_j}{\pi(1+|w|^2)^2}$, $i, j = 1, \cdots, n$라 두면

$$\Omega = \frac{i}{2} \sum_{i,j-1}^{n} h_{ij} dw_i \wedge d\overline{w_j}$$

이다.

$\mathbb{CP}^n$ 상의 메트릭을

$$h = \sum_{i,j} h_{ij} dw_i \otimes d\overline{w_j}$$

라 정의하면, $h = (h_{ij})$는 헐미션대칭(Hermitian symmetric)이고, **양의한정**(positive definite)이다.

왜냐하면 $u \in \mathbb{C}^n - \{0\}$에 대하여

$$h(u, u) = \sum_{i,j} h_{ij} u_i \overline{u_j}$$

$$= \frac{|u|^2 + |u|^2 |w|^2 - (w, u)(\overline{w}, \overline{u})}{\pi(1+|w|^2)^2}$$

$$\geq \frac{|u|^2}{\pi(1+|w|^2)^2} > 0 \text{이다.}$$

왜냐하면 **휠더부등식**(Hölder's inequality)에 의하여

$$|u|^2|w|^2 \geq (w,u)(\overline{w},\overline{u})$$이기 때문이다.

또한

$$\overline{h_{ij}} = \frac{(1+|w|^2)\delta_{ij} - \overline{w_j}w_i}{\pi(1+|w|^2)^2} = h_{ji}$$

이므로 **헐미션대칭**(Hermition symmetry)이다.

이 메트릭 h을 $\mathbb{CP}^n$상의 **푸비니-스터디 메트릭**(Fubini-Study metric)이라 한다. 따라서 기본류 $[\Omega] = -c_1(L) \in H^2(\mathbb{CP}^n;\mathbb{Z})$이다.

그러므로 $\mathbb{CP}^n$은 호지다양체이고 h는 호지메트릭, Ω는 호지폼이고 기본류는 $[\Omega]$이다.

(2) 만일 M이 $\mathbb{CP}^n$의 복소부분다양체이면 $\mathbb{CP}^n$의 호지폼 Ω의 제한(restriction) $\Omega|_M$은 M상의 호지폼이 된다. 왜냐하면 $i: M \to \mathbb{CP}^n$이 포함맵이면 $i^*: H^2(\mathbb{CP}^n;\mathbb{Z}) \to H^2(M;\mathbb{Z})$이고 $i^*([\Omega]) = [\Omega|_M] \in H^2(M;\mathbb{Z})$이기 때문이다.

(3) M이 콤팩트 켈러다양체이고 $H^{1,1}(M) = \mathbb{C}$이면 M은 호지다양체이다. 왜냐하면 M의 켈러폼 Ω는 $[\Omega] \in H^{1,1}(M) \cap \mathbb{R} \cong \mathbb{R}$이므로 실수 $r \in \mathbb{R}$이 존재하여 $\widetilde{\Omega} := r\Omega$이고 $[\widetilde{\Omega}] = r[\Omega] \in H^2(M;\mathbb{Z})$이다. $\widetilde{\Omega} = r\Omega$를 하지폼으로 잡으면 된다.

특히, 모든 리만곡면 M의 코호몰로지군 $H^2(M;\mathbb{C}) = H^{1,1}(M) = \mathbb{C}$이므로 M는 호지다양체다.

(4) $\mathbb{C}^n$의 $2n$독립인 벡타 $\{w_1, \cdots, w_{2n}\}$로 구성된 행렬을

$$\Omega = \begin{bmatrix} w_{11} & \cdots & w_{12n} \\ \vdots & & \\ w_{n1} & & w_{n2n} \end{bmatrix}$$라 하면 복소토러스 $M = \mathbb{C}^n/\Omega$은 켈러이다.

만일 반대칭, 비특이, 정수항의 행렬(skew symmetric, nonsingular integral matrix) $2n \times 2n$ 행렬 $Q=(q_{\alpha\beta})$, $q_{\alpha\beta} \in \mathbb{Z}$, $q_{\alpha\beta} = -q_{\beta\alpha}$, $\det \mathbb{Q} \neq 0$ 존재하여 다음을 만족한다고 가정하자.

(i) $\Omega A\, {}^t\Omega = 0$

(ii) $-i\Omega A\, {}^t\overline{\Omega} := M$, $\det(M) > 0$

여기서 $A = Q^{-1}$이다.

이때 Ω을 **리만행렬**(Riemann matrix)라 한다.

또한 $P := \begin{bmatrix} \Omega \\ \overline{\Omega} \end{bmatrix}$을 **주기행렬**(periodic matrix)이라 한다.

조건 (i)~(ii)에 의하여 $\det(P) \neq 0$이다.

또한 ${}^tM = \overline{M}$이며

$$(*) \quad PA\, {}^t\overline{P} = \begin{bmatrix} \Omega \\ \overline{\Omega} \end{bmatrix} A \left[{}^t\overline{\Omega}, \Omega \right] = \begin{bmatrix} iM & 0 \\ 0 & -i\overline{M} \end{bmatrix}$$

이고 $\det M > 0$이므로 $\det(PA\, {}^t\overline{P}) \neq 0$이고 $\det P \neq 0$이다.

(*)에 의하여 $Q = A^{-1}$이고 $H := 2 \cdot {}^t(M^{-1})$라 하면

$$Q = \frac{i}{2}\left[{}^t\Omega H \overline{\Omega} - {}^t\overline{\Omega}\, \overline{H} \Omega \right]$$

이 되고, $\det H > 0$이며

$$(**) \quad q_{\alpha\beta} = \frac{i}{2} \sum_{\mu,\nu} h_{\mu\nu} (w_{\mu\alpha} \overline{w}_{\nu\beta} - w_{\mu\beta} \overline{w}_{\nu\alpha})$$

이다.

만일 $\{w_\alpha\}$에 의하여 유도된 헐미션메트릭 $H = (h_{\alpha\beta})$, $\det(h_{\alpha\beta}) > 0$가 (**)을 만족한다면 Ω는 리만행렬이다.

여기서 $Q = (q_{\alpha\beta})$, $q_{\alpha\beta} \in \mathbb{Z}$, $\det Q \neq 0$이다.

정리 6.1.3

복소토러스 $M=\mathbb{C}^n/\Omega$이 호지다양체이기 위한 필요충분조건은 Ω이 리만행렬이다.

다시 말하면, $w=\frac{i}{2}\sum h_{\mu\nu}dz_{\mu}\wedge\overline{dz_{\nu}}$라 두면 w는 기본폼이다.

여기서 헐미션 호지메트릭은 H이다. 호몰로지군은

$$H_2(M,\mathbb{Z})=\{[C_{\alpha\beta}]\mid C_{\alpha\beta}=sw_{\alpha}+tw_{\beta},\ 0\le s,t\le 1,\ 1\le\alpha<\beta\le 2n\}$$

이고,

$$\int_{C_{\alpha\beta}}w=\frac{i}{2}\sum_{\mu,0}h_{\mu\nu}(w_{\mu\alpha}\overline{w}_{\nu\beta}-w_{\mu\beta}\overline{w}_{\nu\alpha})=q_{\alpha\beta}\in\mathbb{Z}$$

이다.

따라서 w는 복소토러스 $M=\mathbb{C}^n/\Omega$의 호지폼이다.

(5) $\mathbb{C}^2$에서 4개 벡타로 된 행렬 Ω와 4×4-행렬 A를

$$\Omega=\begin{bmatrix}1&0&\sqrt{7}i&\sqrt{3}i\\0&1&\sqrt{5}i&\sqrt{2}i\end{bmatrix},\ A=\begin{bmatrix}a_{11}&a_{12}&a_{13}&a_{14}\\a_{21}&a_{22}&a_{23}&a_{24}\\a_{31}&a_{32}&a_{33}&a_{34}\\a_{41}&a_{42}&a_{43}&a_{44}\end{bmatrix},$$

$$a_{ij}\in\mathbb{Q},\ i,j=1,\cdots,4,$$

라 두면 리만행렬 조건(i)에서

$$\Omega A^t\Omega$$

$$=\begin{bmatrix}b_{11}&b_{12}\\b_{21}&b_{22}\end{bmatrix}=\begin{pmatrix}0&0\\0&0\end{pmatrix}$$

$$= \begin{bmatrix} 1 & 0 & \sqrt{7}\,i & \sqrt{3}\,i \\ 0 & 1 & \sqrt{5}\,i & \sqrt{2}\,i \end{bmatrix} \begin{bmatrix} a_{11} & a_{12} & a_{13} & a_{14} \\ a_{21} & a_{22} & a_{23} & a_{24} \\ a_{31} & a_{32} & a_{33} & a_{34} \\ a_{41} & a_{42} & a_{43} & a_{44} \end{bmatrix} \begin{bmatrix} 1 & 0 \\ 0 & 1 \\ \sqrt{7}\,i & \sqrt{5}\,i \\ \sqrt{3}\,i & \sqrt{2}\,i \end{bmatrix}$$

$$b_{22} = a_{12} + \sqrt{5}\,ia_{12} + \sqrt{2}\,ia_{14} - \sqrt{7}\,ia_{23} - \sqrt{3}\,ia_{24} + (\sqrt{14} - \sqrt{15})a_{34} = 0$$ 이므로

$$a_{12} = a_{13} = a_{23} = a_{14} = a_{24} = a_{34} = 0$$ 이다.

$-a_{ij} = a_{ji}$ 이므로

$$a_{21} = a_{31} = a_{32} = a_{41} = a_{42} = a_{43} = 0$$ 이다.

따라서 $A = \begin{bmatrix} 0 & 0 & 0 & 0 \\ 0 & 0 & 0 & 0 \\ 0 & 0 & 0 & 0 \\ 0 & 0 & 0 & 0 \end{bmatrix}$ 는 제로행렬이다.

그런데 Ω가 리만행렬이기 위해서는 $\det A \neq 0$이어야 한다. 따라서 Ω는 리만행렬이 아니다.

복소토러스 $M = \mathbb{C}^2/\Omega$는 켈러(Kähler)이지만 호지(Hodge)는 아니다.

Ω가 리만행렬일 때 호지다양체 $M = \mathbb{C}^n/\Omega$을 **아벨벌라이어티**(abelian variety)라 한다.

아벨벌라이어티는 호지다양체의 중요한 예이다.

6.2 고다이라 소멸정리(Kodaira Vanishing Theorem)

(M, h)를 n-차원 호지다양체라 하고 그의 호지폼을 Ω라 하자. 호지메트릭에 양립한 콘넥션은 $\theta = h^{-1}\partial h$이며 곡률은 $\Theta = \bar{\partial}\partial \log h$이다.

탄젠트번들에 대한 첫째 **천류**(Chern class)는

$$c_1(TM) = [\Omega] = \frac{i}{2\pi}[\Theta] \in H^{1,1}(M;\mathbb{Z})$$

이다.

정의 6.2.1

$L \to M$이 홀로몰픽 라인번들이라 하자.

(1) L이 **양**(positive)란 $\phi \in c_1(L)$이고, 국소적으로 $\phi(z) = i\sum\phi_{jk}(z)dz_j \wedge d\overline{z_k}$일 때 행렬 $[\phi_{jk}(z)]$가 **양의한정**(positive definite)이고 헐미션대칭(Hermitian symmetry)일 때이다.

(2) L이 **음**(negative)이란 듀알번들 L^*가 양일 때이다.

예제 6.2.2

복소사영공간 $\mathbb{CP}^n$을 생각하자.

짧은완전열(short exact sequence)

$$0 \to \mathbb{Z} \to \mathscr{O} \to \mathscr{O}^* \to 1$$

에 대한 코호몰로지 완전열

$$\to H^1(\mathbb{CP}^n;\mathscr{O}) \to H^1(\mathbb{CP}^n;\mathscr{O}^*) \to H^2(\mathbb{CP}^n;\mathbb{Z}) \to H^2(\mathbb{CP}^n;\mathscr{O})$$

에서 $H^1(\mathbb{CP}^n;\mathscr{O})=H^2(\mathbb{CP}^n;\mathscr{O})=0$이므로

$$0\longrightarrow H^1(\mathbb{CP}^n;\mathscr{O}^*)\xrightarrow{c_1}H^2(\mathbb{CP}^n;\mathbb{Z})=\mathbb{Z}\longrightarrow 0$$

이다. 따라서 $\mathbb{CP}^n$상의 홀로몰픽 라인번들 $H^1(\mathbb{CP}^n;\mathscr{O}^*)$과 정수군 $\mathbb{Z}$는 **일대일대응**이다.

$\mathbb{CP}^n$상에서 $H\to\mathbb{CP}^n$을 **초곡면섹션번들**(hyperplane section bundle), $U\to\mathbb{CP}^n$을 **전칭번들**(universal bundle), $K\to\mathbb{CP}^n$을 **캐노니칼번들**(canonical bundle)이라 하자.

그러면 $U=H^*$, $K=U^{n+1}=(H^*)^{n+1}$이고 $c_1(H)(\mathbb{CP}^1)=1$, $c_1(U)(\mathbb{CP}^1)=-1$, $c_1(K)(\mathbb{CP}^1)=-(n+1)$이다.

보조정리 6.2.3

(1) 맵 $\phi:\ [H^1(\mathbb{CP}^n;\mathscr{O}^*)=\langle H\rangle\simeq\mathbb{Z},\otimes]$

$$\to[H^2(\mathbb{CP}^n;\mathbb{Z})=\mathbb{Z}=\langle 1\rangle,+],\ \phi(H^k)=k$$

은 동형(isomorphism)이다.

(2) 예제6.2.2에서 H는 양의 홀로몰픽 라인번들(positive holomorphic line bundle), U와 K는 음의 홀로몰픽 라인번들(negative holomorphic line bundle)이다. ■

M을 콤팩트 켈러다양체라 하고, Ω을 켈러폼이라 하자. $E\to M$을 홀로몰픽 벡타번들이라 하고 헐미션메트릭 h을 가졌다고 하자. h와 양립한 콘넥션 $\theta=h^{-1}\partial h$라 하고 E상에 공변미분(covariant differentiation)을

$$D: \mathcal{E}^0(M,E) \to \mathcal{E}^1(M,E),\ D\phi = d\phi + \theta\phi$$

정의한다.

D을 분리하면 $D = D_1 + D_2$, $D_1 = \partial + \theta$, $D_2 = \bar{\partial}$이 된다.

$\mathcal{E}^*(M,E)$에는 호지내적(Hodge inner product) 있고, 이에 의하면 L^2-어드조인트(adjoint)가 유도된다. 앞에서와 같이 호지스타연산자는

$$\overline{*_\tau}: \mathcal{E}^p(M,E) \to \mathcal{E}^{2n-p}(M,E^*),$$
$$\overline{*_\tau}(\phi \otimes e) = \overline{*}(\phi) \otimes \tau(e)$$

이고, 호지내적은 $\phi, \psi \in \mathcal{E}^p(M,E)$에 대하여

$$(\phi, \psi) = \int_M \phi \wedge \overline{*_\tau}\psi = (-1)^p \int_M \overline{*_\tau}\,{}^t\psi h \phi$$

이다.

보조정리 및 연습문제 6.2.4

(1) $D_1^{*_\tau} = -*\bar{\partial}* = \partial^*$.

(2) $D_2^{*_\tau} = -*\partial* + \varepsilon * \theta * = \bar{\partial}^* + \varepsilon * \theta *$,

여기서 $\varepsilon := \begin{cases} 1 & \text{짝수폼} \\ -1 & \text{홀수폼}. \end{cases}$

(3) $\overline{*_\tau}: \mathcal{E}^{p,q}(M,E) \to \mathcal{E}^{n-p,n-q}(M,E)$는 켤레선형동형.

(4) $L := \Omega \wedge : \mathcal{E}^k(M,E) \to \mathcal{E}^{k+2}(M,E)$라 하고,

$L^{\overline{*_\tau}} = \varepsilon \overline{*_{\tau^{-1}}} L \overline{*_\tau}: \mathcal{E}^k(M,E) \to \mathcal{E}^{k-2}(M,E)$라 하면

(i) $* \pi_{p,q} = \pi_{n-q,n-p} *$,

(ii) $[L^*, L]=\sum_{p=0}^{2n}(n-p)\pi_p$,

(iii) $\overline{\partial}L^* - L^*\overline{\partial} = i\partial^* = iD_1^{*\tau}$.

나가노정리(Nagano theorem) 6.2.5

(p, q)-타입 조화폼 $\xi \in \mathbb{H}^{p,q}(M; E)$에 대하여

(1) $\frac{i}{2}(\Theta \wedge L^*\xi, \xi) \le 0$,

(2) $\frac{i}{2}(L^*\Theta \wedge \xi, \xi) \ge 0$.

증명

(1) 홀로몰픽 벡타번들 $E \to M$의 헐미션메트릭 h에 대하여 곡률폼은 $\Theta = \overline{\partial}\partial \log h$이고, 공변미분 D에 대해서는 $D^2 = (d+\theta)^2 = \Theta$이다.

또한 $\Theta \wedge \eta = D^2\eta = (D_1\overline{\partial} + \overline{\partial}D_1)\eta$, $\eta \in \mathcal{E}^*(M, E)$이다.

왜냐하면 $D_1^2 = \overline{\partial}^2 = 0$이기 때문이다.

따라서 $\xi \in \mathbb{H}^{p,q}(M, E)$에 대하여

$$i(\partial^*\xi, \partial^*\xi) = (i\partial^*\xi, \partial^*\xi) = \left((\overline{\partial}L^* - L^*\overline{\partial})\xi, \partial^*\xi\right)$$

마지막 등호는 정리6.2.4 (4) (iii)에 의해서이다.

$\xi \in \mathbb{H}^{p,q}(M, E)$는 조화폼이므로 $\overline{\partial}\xi = \overline{\partial}^{*\tau}\xi = 0$이다.

따라서

$$\begin{aligned} i(\partial^*\xi, \partial^*\xi) &= (\overline{\partial}L^*\xi, \partial^*\xi) = (L^*\xi, \overline{\partial}^{*\tau}\partial^*\xi) \\ &= \left(L^*\xi, (\overline{\partial}^{*\tau}\partial^* + \partial^*\overline{\partial}^{*\tau})\xi\right), \end{aligned}$$

여기서 $\overline{\partial}^{*\tau}\xi = 0$이다. 어드조인트 $(\overline{\partial}^{*\tau}\partial^* + \partial^*\overline{\partial}^{*\tau})$를 취하면

$$i(\partial^*\xi, \partial^*\xi) = \left((D_1\bar{\partial} + \bar{\partial}D_1)L^*\xi, \xi\right) = (\Theta \wedge L^*\xi, \xi)$$

이다. 따라서 $\frac{i}{2}(\Theta \wedge L^*\xi, \xi) \le 0$이다.

(2)도 (1)과 같은 방법으로 증명할 수 있다. ■

고다이라 소멸정리(Kodaira vanishing theorem) **6.2.6**

M을 콤팩트 켈러다양체라 하자.

(1) $E \to M$이 음의 홀로몰픽 라인번들이면,

$$H^q(M; \Omega^p(M, E)) = 0, \ p+q < n.$$

(2) $E \to M$이 홀로몰픽 라인번들이고 $E \otimes K^*$이 양의 라인번들이면,

$$H^q(M; \mathscr{O}(E)) = 0, \ q > 0.$$

증명

(1) $E \to M$이 음의 홀로몰픽 라인번들이고 천폼을 Θ라 하자. M의 켈러폼을 $\Omega = -\frac{i}{2}\Theta$라 하자.

정리6.2.5에서 $L = \Omega \wedge = -\frac{i}{2}\Theta \wedge$라 두면

$((L^*L - LL^*)\xi, \xi) \le 0$이다.

보조정리6.2.4의 (4) (ii)에 의하여 $(L^*L - LL^*)\xi = (n-p-q)\xi$이므로 $(n-p-q)(\xi, \xi) \le 0$이고, $\xi \in \mathbb{H}^{p,q}(M; E)$이다.

따라서 $n-p-q > 0$, $p+q < n$이면

$\mathbb{H}^{p,q}(M; E) = H^q(M; \Omega^p(M, E)) = 0$이다.

(2) 만일 $E \otimes K^*$이 양의 홀로몰픽 라인번들이면

$K \otimes E^* = (E \otimes K^*)^*$ 은 음의 라인번들이다.

$$H^q(M; \mathscr{O}(E)) = H^q(M; \mathscr{O}(K \otimes K^* \otimes E)) = H^q(M; \Omega^n (K^* \otimes E))$$
$$= H^{n-q}(M; \mathscr{O}(K \otimes E^*)).$$

여기서 마지막 등호는 세레정리 때문이다.

(1)에 의하여 $H^q(M; \mathscr{O}(E)) = 0,\ q > 0$이다. ■

6.3 블로우업(Blow-up)

복소다양체에서 블로우업을 작용하면 새로운 복소다양체를 얻는다. 이때 양의 홀로몰픽 라인번들 역시 변한다. 블로우업 작용에 의하여 새로 생기는 홀로몰픽 라인번들을 알아보자.

M을 n-차원 복소다양체라 하고, 한 점 $p \in M$의 근방 U에서 좌표계를 $z = (z_1, \cdots, z_n)$라 하자.

적공간(product space) $U \times \mathbb{CP}^{n-1}$에서 $w = (w_1, \cdots, w_n)$를 $\mathbb{CP}^{n-1}$의 좌표계라 하자.

$$W := \{(z, w) \in U \times \mathbb{CP}^{n-1} \mid z_\alpha w_\beta - z_\beta w_\alpha = 0,\ \alpha, \beta = 1, \cdots, n\}$$

라 두고, $\pi: W \to U$, $\pi(z, w) = z$를 사영맵(projection)이라 하자.

(1) $\pi^{-1}(0) = \{(0, w) \in W \mid w \in \mathbb{CP}^{n-1}\} = \{0\} \times \mathbb{CP}^{n-1} := S$,

(2) $\pi|_{W-S}: W - S \longrightarrow U - \{0\}$은 복소동형(biholomorphism)이다.

정의 6.3.1

위의 상황에서

$$B_p(M) := \begin{cases} W & , x \in U \\ M-U & , x \in M-U \end{cases}$$

을 점 p에서 M의 **블로우업**(blow-up)이라 한다.

맵 $\pi_p : B_p(M) \to M$,

$$\pi_p(x) = \begin{cases} \pi(x) & , x \in W \\ x & , x \in M-W=M-U \end{cases}$$

로 정의한다.

점 p의 역상(inverse image) $\pi_p^{-1}(p) = S \simeq \mathbb{CP}^{n-1}$은 $(n-1)$-차원 복소부분다양체, 즉 $B_p(M)$의 디바이저(divisor)이다.

따라서 **홀로몰픽라인번들** $L(S) \to B_p(M)$이 존재하고 일반(generic) 섹션 $t : B_p(M) \to L(S)$의 제로집합은

$[t^{-1}(0)] = [S] \in H_{2n-2}(B_p(M))$이다.

한편 $S \cong \mathbb{CP}^{n-1}$이므로 **초공간**($w_1 = 0$) **섹션번들**(hyperplane section bundle) $H \to S$인 홀로몰픽라인번들이 존재한다.

$p : W \to \mathbb{CP}^{n-1}$, $p(z, w) = w$을 사영맵이라 하자.

정리 6.3.2

$L(S)|_W \simeq p^*(H^*)$은 번들동형이다.

증명

다음 그림을 생각하자:

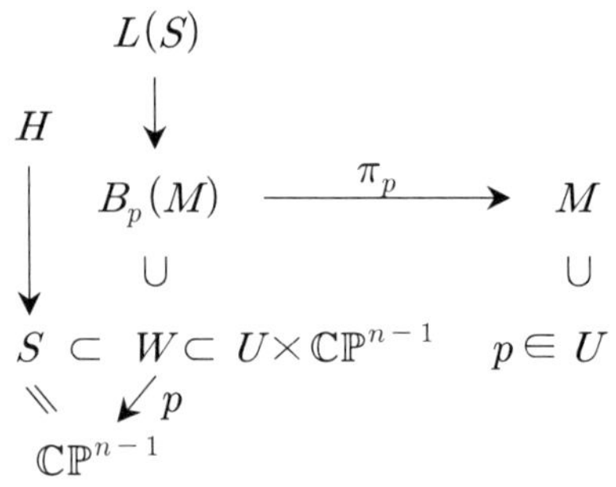

$(z_1, \cdots, z_n) \in U$, $(w_1, \cdots, w_n) \in \mathbb{CP}^{n-1}$을 좌표계라 하자.

$\mathbb{CP}^{n-1}$의 초공간$(w_1 = 0)$은

$$V_\alpha = \left\{ (w_1, \cdots, w_n) \in \mathbb{CP}^{n-1} \mid w_\alpha \neq 0 \right\} \subset \mathbb{CP}^{n-1}$$

에서 $\dfrac{w_1}{w_\alpha} = 0$로서 표시된다.

따라서 $V_\alpha \cap V_\beta$에서 $H \rightarrow S$의 변환맵(transition function)은

$h_{\alpha\beta} = \dfrac{w_1}{w_\alpha} \cdot \left(\dfrac{w_1}{w_\beta} \right)^{-1} = \dfrac{w_\beta}{w_\alpha}$이다. 당김(pull-back)번들

$$p^*(H) \rightarrow \left[U \times (V_\alpha \cap V_\beta) \right] \cap W$$

에서도 같은 변환맵이다.

번들 $L(S)|_W \rightarrow W$은 $S \cap (U \times V_\alpha) \cap W$에서 $(z_\alpha = 0)$로서 정의되고 변환맵은 $U \cap (V_\alpha \cap V_\beta) \cap W$에서 $g_{\alpha\beta} = z_\alpha \cdot z_\beta^{-1} = \dfrac{z_\alpha}{z_\beta}$이다. 따라서 $g_{\alpha\beta} = h_{\alpha\beta}^{-1}$이므로 $L(S)|_W = p^*(H^*)$이다. ■

M을 n-차원 콤팩트 복소다양체라 하고, $p \in M$ 위에서 구성된 홀로몰픽 라인번들을 편의상

$$L(S) \to B_p(M)\text{을 } L_p \to B_p(M)$$

로 쓰자.

정리 6.3.3

$B_p(M)$의 캐노니칼번들은 다음과 같다.

$$K_{B_p(M)} = \pi_p^* K_M \otimes L_p^{n-1}.$$

증명

정리6.3.2의 기호를 사용하자.

$(U \times V_1) \cap W$에서 $\left(z_1, \dfrac{w_2}{w_1}, \cdots, \dfrac{w_n}{w_1}\right)$이 홀로몰픽 좌표계이다.

캐노니칼번들 $K_{B_p(M)}\big|_{U \times V_1) \cap W}$에서

$$f_1 = dz_1 \wedge d\left(\frac{w_z}{w_i}\right) \wedge \cdots \wedge d\left(\frac{w_n}{w_1}\right)$$

이 플래임이다.

$z_\alpha w_\beta = z_\beta w_\alpha$, $\alpha, \beta = 1, \cdots, n$이므로 $f_1 = z_1^{1-n} dz_1 \wedge \cdots \wedge dz_n$이다.

$(U \times V_\alpha) \cap W$에서 $K_{B_p(M)}$의 플래임은 $f_\alpha = z_\alpha^{1-n} dz_1 \wedge \cdots \wedge dz_n$이다.

$[U \times (V_\alpha \cap V_\beta)] \cap W$에서 $f_\beta = g_{\alpha\beta} f_\alpha$이므로 변환맵은

$g_{\alpha\beta} = \left(\dfrac{z_\alpha}{z_\beta}\right)^{n-1}$이다.

따라서 $K_{B_p(M)}\big|_W = L_p^{n-1}\big|_W = \left(L_p^{n-1} \otimes \pi_p^* K_M\right)\big|_W$이다. 왜냐하면

$K_M|_U = U \times \mathbb{C}$이기 때문이다.

또한 $L_p|_{B_p(M)-W} \simeq (B_p(M)-W) \times \mathbb{C}$이므로

$$K_{B_p(M)}|_{B_p(M)-W} = \left(K_{B_p(M)} \otimes L_p^{n-1}\right)\Big|_{B_p(M)-W}$$

이다. 따라서

$$K_{B_p(M)} \simeq L_p^{n-1} \otimes \pi_p^* K_M$$

이다. ■

서로 다른 두 점 $p \neq q \in M$에 대하여 홀로몰픽 라인번들

$$L_p \to B_p M,\ L_q \to B_q M$$

은 각각 디바이저 $\pi_p^{-1}(p)$, $\pi_q^{-1}(q)$에 대응된다.

자연스런 맵 $\pi_{p,q}: B_p B_q(M) \to M$에 대하여 $L_{p,q} \to B_p B_q(M)$는 디바이저 $\pi_{p,q}^{-1}(\{p,q\})$에 대응된다고 하자.

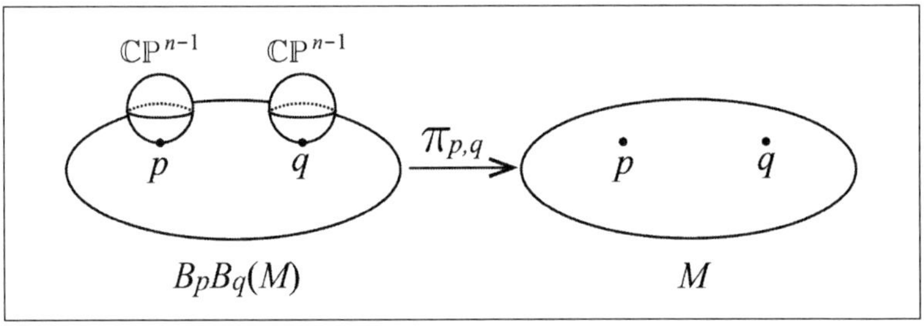

정리 6.3.4

$E \rightarrow M$을 양의 홀로몰픽 라인번들이라 하자.

정수 $k_0 > 0$가 존재하여, 만일 정수 $k \geq k_0$이면, $p \neq q \in M$

(1) $\pi_p^* E^k \otimes L_p^* \otimes K_{B_p(M)}^*$,

(2) $\pi_p^* E^k \otimes L_p^{*\,2} \otimes K_{B_p(M)}^*$,

(3) $\pi_{p,q}^* E^k \otimes L_{p,q}^* \otimes K_{B_pB_q(M)}^*$

는 모두 양의 홀로몰픽 라인번들이다.

대략증명

증명을 하기 위해서는 주어진 양의 홀로몰픽 라인번들 $E \rightarrow M$과 블로우업 B_pM, B_pB_qM상에 위의 (1)~(3)의 각 번들에 헐미션메트릭을 정의하고 그의 자연스런 곡률들을 유도하여 양의 홀로몰픽 라인번들임을 증명해야 한다. (1)을 대략증명하자.

곡률은 $\Theta_{F \otimes G} = \Theta_F + \Theta_G$이므로,

$$\begin{aligned}
&\Theta_{\pi_p^* E^k \otimes L_p^* \otimes K_{B_p(M)}^*} \\
&= k\,\Theta_{\pi_p^* E} + \Theta_{L_p^*} + \Theta_{K_{B_p(M)}^*} \\
&= k\,\Theta_{\pi_p^* E} + \Theta_{p^*(H)} + \Theta_{\pi_p^* K_M^*} + (n-1)\Theta_{L_p^*}.
\end{aligned}$$

위의 마지막 등호는 정리6.3.2와 6.3.3을 이용하였다.

보조정리6.2.3을 참고하면 초곡면 섹션번들 H, 캐노니칼번들의 듀알 K^*는 양의 라인번들이고, E는 주어진 양의 번들이므로 (1)이 증명된다.

(2)와 (3)도 (1)과 같이 증명하면 된다. ■

6.4 고다이라 매장정리(Kodaira Embedding Theorem)

사영복소공간 $\mathbb{CP}^n$은 대표적인 호지다양체다.
실제로 $\mathbb{CP}^n$상의 홀로몰픽 라인번들은 맵

$$H^1(\mathbb{CP}^n;\mathscr{O}^*)\xrightarrow{c_1}H^2(\mathbb{CP}^n;\mathbb{Z})=H^{1,1}(\mathbb{CP}^n)\cap H^2(\mathbb{CP};\mathbb{Z})=\mathbb{Z}$$

은 동형이다. 여기서 $H^1(\mathbb{CP}^n;\mathscr{O}^*)=\langle H\rangle$이고 $H\to\mathbb{CP}^n$은 초공간 벡타번들이고 연산은 텐서곱 $\otimes$이다. 즉, 대응은

$$\left(H^1(\mathbb{CP}^n;\mathscr{O}^*),\ \otimes\right)\to\left(H^2(\mathbb{CP}^n;\mathbb{Z}),\ +\right),\ H^k\mapsto K$$

이다. 이 대응은 $\mathbb{CP}^n$상의 푸비니-스터디 메트릭에 의하여 기본폼이 유도된다.

더욱이 $\mathbb{CP}^n$상의 모든 복소부분다양체 $M\hookrightarrow\mathbb{CP}^n$는 $\mathbb{CP}^n$의 메트릭 제한(restriction)에 의하여 호지메트릭이 되어서 부분다양체 M 역시 호지다양체이다. 또한 M은 초우정리(Chow theorem)에 의하면 $\mathbb{CP}^n$에서 정의된 $n-\dim_{\mathbb{C}}M$개의 동차다항식의 **공동해**(common zero)들로 나타난다. 호지는 1950년 국제수학자대회(ICM)에서 *"모든 콤팩트 호지다양체는 사영복소공간에 매장할 수 있다"*고 예측하였다. 1954년에 고다이라는 수학저널(Ann. of Math.)에서 호지의 예측을 증명하였다. 물론 7장의 호지추측과는 다른 예측이다.

호지추측은 *"호지다양체에서 호지류가 대수적 싸이클로 표시될 수 있을 것이다"*란 추측이다.

고다이라 매장정리(Kodaira embedding theorem) **6.4.1**
콤팩트 복소다양체 M이 호지다양체일 필요충분조건은 M이 사영복소공간에 복소부분다양체로서 매장할 수 있다.

주의

(1) 사영복소공간 $\mathbb{CP}^N$의 모든 복소부분다양체는 호지다양체이며, 동차 다항식의 공동근들이다.
(2) 복소토러스 $M := \mathbb{C}^n/\Gamma$이 호지다양체일 필요충분조건은 $(n \times 2n)$-행렬 Γ가 리만행렬이며, 이의 필요충분조건은 n개의 대수적으로 독립인 비상수 멜로몰픽맵(nonconstant meromorphic function)이 M상에 존재함이다.

계 6.4.2
M이 콤팩트 복소다양체라 하자.
M상에 양의 홀로몰픽 라인번들 $L \to M$이 존재할 필요충분조건은 M이 호지다양체이다. ■

여기서 $L \to M$이 양의 홀로몰픽 라인번들이란 천류 $c_1(L) = [\phi]$가 실폐미분 (1,1)-폼(real closed differentiable type (1,1) form)으로 나타나며, 국소적으로

$$\phi = i\sum_{\mu,\nu}\phi_{\mu\nu}dz_\mu \wedge d\overline{z_\nu},\ \overline{\phi_{\mu\nu}} = \phi_{\nu\mu},$$

$$^t\overline{\xi}(\phi_{\mu\nu})\xi > 0,\ \xi \neq 0$$

을 만족한다.
이 증명은 정의6.4.1의 증명에서 알 수 있다.

정리 6.4.1 증명

n-차원 복소다양체 M이 사영복소공간 $\mathbb{CP}^N$에 매장됐다고 하자. 사영복소공간은 호지다양체이고 호지다양체의 복소부분다양체이므로 M이 호지다양체이다.

역으로 M이 n-차원 호지다양체라 하자.

M상에 호지메트릭과 그에 따른 호지폼인 정수폼(integral Hodge form) Ω가 존재한다. 이때 코호몰로지류는

$$[\Omega] \in H^2(M;\mathbb{Z}) \cap H^{1,1}(M)$$

이다. M상에 양의 홀로몰픽 라인번들(positive holomorphic line bundle) $E \to M$이 존재하여 천류 $c_1(E) = [\Omega]$이 된다.

정리6.3.4에 의하여 정수 $k_0 > 0$존재하며 정수 $k \geq k_0$에 대하여 $\otimes^k E := F$라고 쓰자.

홀로몰픽 라인번들 $F \to M$은 쉞이 되고 M이 콤팩트이므로 홀로몰픽 섹션들의 공간 $\mathscr{O}(M, F) = H^0(M; F) := \mathbb{C}^{N+1}$은 $N+1$차원이라 하자.

우리의 목표는 M을 사영복소공간 $P\mathscr{O}(M, F) = P(\mathbb{C}^{N+1}) = \mathbb{CP}^N$에 매장하는 것이다. 증명방법은 매장정리를 M에 블로우업 작용하여 고다이라 소멸정리로 유도하여 증명한다.

(1) 기호로서

$\mathscr{O} = \{f \mid f : M \to \mathbb{C}$ 홀로몰픽맵$\}$,

$\mathscr{V}_{p,q} = \{f \in \mathscr{O} \mid f(p) = f(q) = 0\}$, $p, q \in M$,

$\mathscr{V}_p = \{f \in \mathscr{O} \mid f(p) = 0\}$,

$\mathscr{V}_p^2 = \mathscr{V}_{p,p} = \{f \in \mathscr{O} \mid f(p) = 0,\ df(p) = 0\}$,

라고 쓰자. 쉎의 완전열(exact sequence of sheaves)

$$0 \to \mathscr{V}_{p,q} \to \mathscr{O} \to \mathscr{O}/\mathscr{V}_{p,q} \to 0$$

에 F의 홀로몰픽섹션 $\mathscr{O}(F)$를 텐서(tensor)하면 완전열

$$(*)\ 0 \to \mathscr{V}_{p,q} \otimes \mathscr{O}(F) \to \mathscr{O}(F) \to \mathscr{O}/\mathscr{V}_{p,q} \otimes \mathscr{O}(F) \to 0$$

을 얻는다. 각 점 $x \in M$에서 스탁은

$$[\mathscr{O}/\mathscr{V}_{p,q} \otimes \mathscr{O}(F)]_x = \begin{cases} \mathscr{O}_p/\mathscr{V}_p^2 \otimes F_p & : x = p = q \\ 0 & : x \neq p = q \\ F_p & : x = p \neq q \\ F_q & : x = q \neq p \\ 0 & : p \neq q,\ x \neq p,\ x \neq q. \end{cases}$$

(2) (i) $\mathscr{O}_p/\mathscr{V}_p \simeq \mathbb{C}$

(ii) $\mathscr{O}_p/\mathscr{V}_p^2 \simeq \mathbb{C} \oplus T_p^* M,\ [f] \mapsto [f(p),\, df(p)]$

증명 (2)

점(germ) $f \in \mathscr{O}_p$을 $z = p$에서 멱급수(power series)로 전개하면

$$f(z) = \sum_{|\alpha| \geq 0} \frac{1}{\alpha!} D^\alpha f(p)(z-p)^\alpha$$

이다. $\mathscr{O}_p/\mathscr{V}_p^2$에서는

$$[f]_p = \left[f(p) + \sum_{|\alpha| = 1} D^\alpha f(p)(z-p)^\alpha \right]$$

이다. 맵

$$\Phi : \mathscr{O}_p \to \mathbb{C} \oplus T_p^* M$$

을 $\Phi|f| = [f(p),\, df(p)]$로 정의하자.

상맵(quotient map) $\overline{\Phi} : \mathscr{O}_p/\mathscr{V}_p^2 \to \mathbb{C} \oplus T_p^* M$은 동형이다.

(3) (ⅰ) 완전열 (*)에서 $p=q$일 경우 맵

$$r:\mathscr{O}(F)\to\mathscr{O}_p/\mathscr{V}_p^2\otimes F_p\simeq\left[\mathbb{C}\oplus T_p^*M\right]\otimes F_p$$

f를 p근방에서 F의 국소플래임, $\xi\in\mathscr{O}(F)$이면, $F_p\simeq\mathbb{C}$이므로

$$r(\xi(f))=(\xi(f)(p),\ d\xi(f)(p))\in\mathbb{C}\oplus T_p^*M$$

이다.

우선 r이 전사(surjective)라 가정하자.

p의 근방에서 섹션 $\xi_0,\cdots,\xi_n\in\mathscr{O}(F)$이

$$\begin{cases}\xi_0(p)=1\\ \xi_j(p)=0\\ d\xi_j(p)=dz_j\end{cases},\ j=1,\cdots,n$$

라고 하자.

그러면 $\xi_0(p)\neq 0$, $d\xi_1(f)\wedge\cdots\wedge d\xi_n(f)\neq 0$이다.

(ii) 열 (*)에서 $p\neq q$일 경우 맵

$$\mathscr{s}:\mathscr{O}(F)\to F_p\oplus F_q$$

이 전사(surjective)라고 가정하자.

섹션 $\xi_1,\xi_2\in\mathscr{O}(F)$이

$$\begin{cases}\xi_1(p)\neq 0 & \xi_1(q)=0\\ \xi_2(p)=0 & \xi_2(q)\neq 0\end{cases}$$

라 하자.

(4) 만일 모든 $p,q\in M$에 대하여 맵 r과 $\mathscr{s}$가 전사이면 홀로몰픽 매장 $M\to\mathbb{CP}^N$이 존재한다. 여기서 $\dim_{\mathbb{C}}\mathscr{O}(F)=N+1$이다.

증명 (4)

$\phi := \{\phi_0, \cdots, \phi_N\}$을 $\mathscr{O}(F)$의 기저(basis)라 하자.

f를 p의 근방에서 F의 플래임이라 하면 p의 근방내의 점 x에 대하여 $(\phi_0(f)(x), \cdots, \phi_N(f)(x)) \in \mathbb{C}^{N+1}$이다.

ϕ가 $\mathscr{O}(M, F)$의 기저이므로 $\phi_j \in \phi$가 존재하여 $\phi_j(f)(x) \neq 0$이다.

여기서 x는 p의 근방내의 점이다.

따라서 $(\phi_0(f)(x), \cdots, \phi_N(f)(x)) \in \mathbb{C}^{N+1} - \{0\}$이다.

만일 $\overline{f}$가 p근방에서 F의 다른 홀로몰픽 플래임이면

$$\phi_j(f)(x) = c(x)\phi_j(\overline{f})(x)$$

가 된다. 여기서 c는 p근방에서 0이 아닌 홀로몰픽맵이다.

그러므로 홀로몰픽맵

$$\Phi_\phi : M \to \mathbb{CP}^N,\ \Phi_\phi(x) = [\phi_0(f)(x), \cdots, \phi_N(f)(x)]$$

가 잘 정의된다.

맵 Φ_ϕ가 매장(embedding)임을 증명하자.

가정에서 맵 r이 전사이므로 (3)에서와 같은 섹션

$$\xi_0, \cdots, \xi_n \in \mathscr{O}(F)$$

을 잡으면, 이것들은 일차독립이다.

이것들을 확장하여 $\overline{\phi} = \{\xi_o, \cdots, \xi_n, \cdots\}$을 유한차원 벡타공간 $\mathscr{O}(F)$의 기저(basis)로 하자.

맵 $\Phi_{\overline{\phi}} : M \to \mathbb{CP}^N$을

$$\Phi_{\overline{\phi}}(x) = [\xi_o(f)(x), \xi_1(f)(x), \cdots, \xi_n(f)(x), \cdots]$$

로 정의하자.

$\mathbb{CP}^N$의 좌표계를 $(1, \eta_1, \cdots, \eta_n, \cdots)$라 하고

M의 좌표계를 $(z_1, \cdots, z_n)$라 하자.

자코비행렬식(Jacobian determinant)는

$$\frac{\partial(\eta_1, \cdots, \eta_n)}{\partial(z_1, \cdots, z_n)} = d\left(\frac{\xi_1(f)}{\xi_0(f)}\right) \wedge \cdots \wedge d\left(\frac{\xi_n(f)}{\xi_0(f)}\right)(p)$$

$$= (\xi_0(f)(p))^{-n} dz_1 \wedge \cdots \wedge dz_n \neq 0$$

이므로 $\Phi_{\overline{\phi}}$와 Φ_ϕ는 몰입(immersion)이다.

Φ_ϕ가 단사(injective)임을 보이자.

다른 2점 $p \neq q \in M$에 대하여 (3)에서와 같이 섹션 ξ_1과 ξ_2을 잡으면, 이들은 일차독립이다.

앞에서와 같이 $\mathscr{O}(F)$의 기저를

$$\overline{\phi} = \{\xi, \xi_2, \cdots\}$$

로 확장하자. 그러면 $\Phi_{\overline{\phi}}$는 단사이다.

그러므로 맵 $\Phi_\phi : M \to \mathbb{CP}^N$은 홀로몰픽매장(holomorphic embedding)이다.

(5) 모든 점 $p, q \in M$에 대하여 맵 r과 s는 전사이다.

증명 (5)

$p = q$인 경우, 맵 $r : \mathscr{O}(M, F) \to \mathscr{O}_p / \mathscr{W}_p^2 \otimes F_p \cong \mathbb{C} \oplus T_p^* M$,

$F_p = \mathbb{C}$, $f(\xi(f)) = (\xi(f)(p), d\xi(f)(p))$이고,

$p \neq q$인 경우, 맵 $\mathscr{s} : \mathscr{O}(M, F) \to F_p \oplus F_q$,

$\mathscr{s}(\xi(f)) = (\xi(f)(p), \xi(f)(q))$로 정의되었다.

(i) 간편하게 $\overline{M} := B_p M$, $S = \pi_p^{-1}(p)$, $\mathscr{O} := \mathscr{O}_M$, $\overline{\mathscr{O}} := \mathscr{O}_{\overline{M}}$,

$\overline{F} := \pi_p^* F$로 쓰자.

또 $I_S := \{f \in \overline{\mathscr{O}} \mid f|_S = 0\}$를 S의 아이디얼쉪(ideal sheaf)

$I_s^2 := \{f \in \overline{\mathscr{O}} \mid f = g^2,\ g \in I_s\}$로 쓰자.

쉪의 완전열 $0 \to I_S^2 \to \overline{\mathscr{O}} \to \overline{\mathscr{O}}/I_S^2 \to 0$에 쉪 $\overline{\mathscr{O}}(\overline{F})\otimes$ 을 취하면

$$0 \to \overline{\mathscr{O}}(\overline{F}) \otimes I_S^2 \to \overline{\mathscr{O}}(\overline{F}) \to \overline{\mathscr{O}}(\overline{F}) \otimes \overline{\mathscr{O}}/I_S^2 \to 0$$

되고 $\pi_p : \overline{M} \to M$의 당김(pull-back) π_p^* 을 취하면

$$\begin{array}{ccccccccc}
0 \to & \overline{\mathscr{O}}(\overline{F}) \otimes I_S^2 & \to & \overline{\mathscr{O}}(\overline{F}) & \to & \overline{\mathscr{O}}(\overline{F}) \otimes \overline{\mathscr{O}}/I_S^2 & \to 0 \\
 & \uparrow \pi_1^* & & \uparrow \pi_p^* & & \uparrow \pi_2^* & \\
0 \to & \mathscr{O}(F) \otimes \mathscr{V}_p^2 & \to & \mathscr{O}(F) & \to & \mathscr{O}(F) \otimes \mathscr{O}/\mathscr{V}_p^2 & \to 0
\end{array}$$

위 다이어그램은 교환이다. 여기서 π_1^* 와 π_2^* 는 π_p^* 로부터 유도된 맵이다.

다음은 위 다이어그램에 전체섹션(global section)을 취하자:

$$\begin{array}{ccccccc}
0 \longrightarrow & \Gamma(\overline{M}, \overline{\mathscr{O}}(\overline{F}) \otimes I_S^2) & \longrightarrow & \Gamma(\overline{M}, \overline{\mathscr{O}}(\overline{F})) & \longrightarrow & \Gamma(\overline{M}, \overline{\mathscr{O}}(\overline{F}) \otimes \overline{\mathscr{O}}/I_S^2) \\
 & \alpha \downarrow \ \uparrow \pi_1^* & & \beta \downarrow \ \uparrow \pi_p^* & & \uparrow \pi_2^* \\
0 \longrightarrow & \Gamma(M, \mathscr{O}(F) \otimes \mathscr{V}_p^2) & \longrightarrow & \Gamma(M, \mathscr{O}(F)) & \xrightarrow{r} & \Gamma(M, \mathscr{O}(F) \otimes \mathscr{O}/\mathscr{V}_p^2)
\end{array}$$

만일 $H^1(\overline{M}; \overline{\mathscr{O}}(\overline{F}) \otimes I_S^2) = 0$이면 위 다이어그램에 의하여 r이 전사(surjective)가 된다.

(ii) 우선 위 다이어그램에 교환이 되는 동형 α와 β을 구성하자.

만일 $\dim_{\mathbb{C}} M = n = 1$이면 $M = \overline{M}$이고 $\pi_p = I$이므로 $\alpha = \beta = I$로서

명확하다.

$n>1$에 대하여, U를 $0\in\mathbb{C}^n$의 근방이라 하자.

하토그스정리(Hartogs theorem) (: 홀로몰픽맵 $f: U-\{0\}\to\mathbb{C}$은 해석학적으로 U상으로 확장할 수 있다.)를 이용하자.

섹션 $\xi\in\Gamma(\overline{M},\overline{\mathscr{O}}(\overline{F}))$에 대하여, $\pi_p:\overline{M}-s\to M-\{p\}$은 복소해석학적동형(biholomorphism)이므로, $\overline{\beta}(\xi)==(\pi_p^{-1})^*\xi$정의하면,

$\overline{\beta}(\xi)\in\Gamma(M-\{p\},\mathscr{O}(F))$이다.

하토그스정리에 의하여, $\overline{\beta}(\xi):=\beta(\xi)\in\Gamma(M,\mathscr{O}(F))$로 정의된다.

또한 $\beta^{-1}=\pi_p^*$이므로 β는 동형이다.

더욱이 $\beta^{-1}(\eta)\in\Gamma(\overline{M},\overline{\mathscr{O}}(\overline{F})\otimes I_S^2)$일 필요충분조건은

$\eta\in\Gamma(M,\mathscr{O}(F)\otimes\mathscr{V}_p^2)$이고, $\alpha:=\beta|_{\Gamma(\overline{M},\overline{\mathscr{O}}(\overline{F})\otimes I_S^2)}$를 β의 제한맵으로 택하면 α 역시 동형이다.

(iii) 고다이라 소멸정리를 이용하여 $H^1(\overline{M};\overline{\mathscr{O}}(\overline{F})\otimes I_S^2)=0$임을 증명하자.

I_S는 $\overline{M}$의 디바이저 S의 아이디얼쉪이며 국소자유쉪(locally free sheaf)이므로 $I_S\simeq\overline{\mathscr{O}}(L^*)$은 쉪동형이다.

여기서 $L\to\overline{M}$는 디바이저 S에 대응하는 홀로몰픽 라인번들이다.

더욱이 $I_S^2\simeq\mathscr{O}((L^*)^2)$도 쉪동형이므로

$$H^1(\overline{M};\overline{\mathscr{O}}(\overline{F})\otimes I_S^2)=H^1(\overline{M};\overline{\mathscr{O}}(\overline{F}\otimes(L^*)^2))$$

이다.

정리6.3.4 (2)에 의하여, $k>k_0$, $F=E^k$에 대하여

$$\overline{F}\otimes(L^*)^2\otimes K_{\overline{M}}^*>0$$

이므로 고다이라 소멸정리6.2.6 (2)에 의하여

$$H^1(\overline{M};\overline{\mathscr{O}}(\overline{F}\otimes(L^*)^2))=0$$

이다.

(iv) 끝으로 맵 $\mathscr{S}$가 전사임을 증명하자.

다른 두 점 $p, q\in M$에 대하여

$$\mathscr{S}:=\pi_{p,q}^{-1}(\{p,q\}),\ \pi_{p,q}: B_pB_qM:=\overline{M}\to M,$$

I_S는 디바이저 S의 아이디얼쉪,

$\overline{\mathscr{O}}:=\mathscr{O}(B_pB_qM)$는 구조쉪, $\overline{F}:=\pi_{p,q}^{*}F$라고 두자.

그러면 앞에서와 같이

$$0\to\overline{\mathscr{O}}(\overline{F})\otimes I_S\to\overline{\mathscr{O}}(\overline{F})\to\overline{\mathscr{O}}(\overline{F})\otimes\overline{\mathscr{O}}/I_S\to 0$$

완전열(exact sequence)이 되고, 동형 α, β가 존재하여

$$\begin{array}{ccccc}
0\longrightarrow\Gamma(\overline{M},\overline{\mathscr{O}}(\overline{F})\otimes I_S) & \longrightarrow & \Gamma(\overline{M},\overline{\mathscr{O}}(\overline{F})) & \longrightarrow & \Gamma(\overline{M},\overline{\mathscr{O}}(\overline{F})\otimes\overline{\mathscr{O}}/I_S) \\
\alpha\downarrow\ \uparrow\pi_{p,q}^{*} & & \beta\downarrow\ \uparrow\pi_{p,q}^{*} & & \uparrow\pi_{p,q}^{*} \\
0\longrightarrow\Gamma(M,\mathscr{O}(F)\otimes\mathscr{V}_{p,q}) & \longrightarrow & \Gamma(M,\mathscr{O}(F)) & \xrightarrow{\mathscr{S}} & \Gamma(M,\mathscr{O}(F)\otimes\mathscr{O}/\mathscr{V}_{p,q})
\end{array}$$

이 교환 다이어그램이다.

여기서 동형맵 α와 β는 앞에서와 같이 하토그스 정리에 의하여 정의된다.

아이디얼쉪 $I_S\simeq\overline{\mathscr{O}}(L_{pq}^{*})$가 쉪동형이므로 정리6.3.4 (3)에 의하여

$\overline{F}\otimes L_{pq}^{*}\otimes K_{\overline{M}}^{*}>0$이다.

고다이라 소멸정리6.2.6 (2)에 의하여

$$H^1(\overline{M};\overline{\mathscr{O}}(\overline{F})\otimes I_S)=H^1(\overline{M};\overline{\mathscr{O}}(\overline{F}\otimes L_{p,q}^{*}))=0$$

이다. 따라서 맵 $\mathscr{J}$는 전사이다. ■

주의

(1) **글라워트 소멸정리**(Grauert Vanishing Theorem) :
만일 $L\to M$이 양의 홀로몰픽 라인번들이고, $E\to M$이 코헤런트 해석학적쉪(coherent analytic sheaf)라 하면 양의 정수 $k_0>0$이 존재하여 $k\geq k_0$, $q\geq 1$에 대하여

$$H^q(M;\mathscr{O}(L^k)\otimes E)=0$$

이다.
글라워트 소멸정리에 의하여

$$H^1(M;\mathscr{O}(F)\otimes\mathscr{V}_p^2)=H^1(M;\mathscr{O}(F)\otimes\mathscr{V}_{p,q})=0$$

이고, 이를 이용하여 고다이라 매장정리를 증명할 수 있다.
(2) 고다이라 소멸정리, 매장정리는 보다 일반적인 다양체로 확장되고 있다.

CHAPTER 07 호지추측(Hodge Conjecture)

호지(William Vallance Douglas Hodge, 1903~1975)는 1950년 국제수학자대회(International Congress of Mathematicians)에서 연설할 때 호지추측(Hodge conjecture)을 제기하였다.

힐버트(David Hilbert, 1862-1943)는 1900년 파리에서 열린 국제수학자대회에서 23문제를 20세기 수학문제로 제시하였다. 이 문제를 풀기 위하여 지난 세기 수학자들이 많은 연구를 하였고 수학 발전에 크게 기여하였다.

클레이수학연구소(Clay Mathematics Institute)는 2000년 5월 24일 **밀레니엄문제** 7개를 제시하였다. 각 문제를 처음으로 해결하는 사람에게 100만 달러씩 합 700만 달러를 수여하겠다고 했다. 이 문제들은 오랫동안 풀리지 않은 중요한 기본문제들이다. 그 중 한 문제가 호지추측(Hodge conjecture)이다.

호지추측은 간단히 말하면, *"호지다양체에서 호지류(Hodge class)는 유리계수를 갖는 대수적싸이클류의 합일 것이다"*이다.

호지추측은 대수기하학과 복소기하학 사이의 미분적분 문제이다.

7.1 호지구조(Hodge Structure)

M이 콤팩트 켈러다양체이면 라플라스연산자들 사이 관계는 $\Delta = 2\Box = 2\overline{\Box}$ 이며 코호몰로지는 **호지분리**(Hodge decomposition) $H^k(M;\mathbb{C}) = \bigoplus_{p+q=k} H^{p,q}(M)$로 분리된다. 여기서 $H^{p,q}(M)$은 타입 (p,q)의 돌보 k차원 코호몰로지군이며 **호지대칭성질**(Hodge symmetry property)

$$\overline{H^{p,q}(M)} = H^{q,p}(M)$$

을 만족한다.

참고로, $H^k(M;\mathbb{C}) = H^k(M;\mathbb{R}) \bigotimes_{\mathbb{R}} \mathbb{C} = H^k(M;\mathbb{Q}) \bigotimes_{\mathbb{Q}} \mathbb{C}$이다.

정의 7.1.1

(1) **웨이트** k의 **(유리)호지구조**(rational Hodge structure of weight k)는 유한차원 $\mathbb{Q}$-벡타공간 H이며

$$H_{\mathbb{C}} := H \otimes \mathbb{C} = \bigoplus_{p+q=k} H^{p,q}$$

이고 $H^{p,q}$는 $H_{\mathbb{C}}$의 복소 부분공간으로서 호지대칭 성질

$$\overline{H^{p,q}} = H^{q,p}$$

을 만족해야 한다.

(2) **호지필트레이션**(Hodge filtration)을

$$F^r H_{\mathbb{C}} := \bigoplus_{\substack{p+q=k \\ p \geq r}} H^{p,q}$$

로 정의한다.

호지구조와 호지필트레이션은 동치이다. 왜냐하면

$$H^{p,q}=F^pH_{\mathbb{C}}\cap\overline{F^qH_{\mathbb{C}}}$$

이기 때문이다.

(3) **듀알호지구조**(dual Hodge structure) $(H^*, (H^{p,q})^*)$의 웨이트(weight)를 $-k$로 정의한다.

(4) 호지구조에 대하여, 웨이트 k인 $(H, H^{p,q})$와 웨이트 k'인 $(H', H'^{p,q})$의 **몰피즘**(morphism)

$$\phi: H\to H'$$

은 $\mathbb{Q}$-벡타공간의 선형맵이며

$$\phi_{\mathbb{C}}(H^{p,q})\subset H'^{p+r,q+r}$$

을 만족해야 한다. 여기서 $k'=k+2r$이다.

예제 7.1.1

(1) M이 콤팩트 켈러다양체이면 코호몰로지군 $H^k(M;\mathbb{Q})$는 웨이트 k 호지구조로서

$$H^k(M;\mathbb{C})=H^k(M;\mathbb{Q})\otimes\mathbb{C}=\bigoplus_{p+q=k}H^{p,q}(M)$$

이며 호지대칭성질 $\overline{H^{p,q}(M)}=H^{q,p}(M)$을 만족한다.

(2) $h: M_1\to M_2$을 켈러다양체 상의 홀로몰픽맵이라 하자.

(i) 코호몰로지 상의 맵

$$h^*: H^k(M_2;\mathbb{Q})\to H^k(M_1;\mathbb{Q})$$

는 $h^* : H^k(M_2;\mathbb{C}) \to H^k(M_1;\mathbb{C})$로 확장되며

$$h^*\left(H^{p,q}(M_2)\right) \subset H^{p,q}(M_1)$$

이므로 몰피즘이다.

(ii) **기신맵**(Gysin map)은 $h! := PD^{-1} \circ h_* \circ PD$로 정의하고,

$$\begin{array}{ccc} h!:\ H^k(M_1;\mathbb{Q}) & \longrightarrow & H^{k+2r}(M_2;\mathbb{Q}) \\ PD\downarrow & & \uparrow PD^{-1} \\ H_{2m_1-k}(M;\mathbb{Q}) & \xrightarrow{h_*} & H_{2m_1-k}(M_2;\mathbb{Q}) \end{array}$$

는 몰피즘이다.

여기서 PD는 포앙카레듀알맵이고 $m_i = \dim_{\mathbb{C}} M_i$, $i = 1, 2$이면 $r := \dim_{\mathbb{C}} M_2 - \dim_{\mathbb{C}} M_1 = m_2 - m_1$이다.

(3) **포앙카레 듀알맵**

$$PD:\ H^k(M;\mathbb{Q}) \longrightarrow H_{2n-k}(M;\mathbb{Q}) \xrightarrow{\sim} H^k(M;\mathbb{Q})^*$$

은 웨이트 k 호지구조에서 웨이트 $-k$ 호지구조로 가는 몰피즘이다.

정의 7.1.2

웨이트 k 호지구조 H 상의 **폴라화**(polarization)은 비퇴화 교차형식 (nondegenerate intersection form)

$$(\ ,\ ) : H \times H \to \mathbb{Q}$$

으로 k가 짝수이면 대칭, 홀수이면 비대칭이며, **호지-리만 겹선형관계**(Hodge-Riemann bilinear relation) :

(1) $(\alpha, \overline{\beta}) = 0$, $\alpha \in H^{p,q}$, $\beta \in H^{p',q'}$, $p \neq p'$,

(2) $(-i)^p \cdot i^q (\alpha, \overline{\alpha}) > 0$, $\alpha \in H^{p,q} - \{0\}$

을 만족해야 한다.

정리 7.1.1

H이 폴라화된 호지구조(polarized Hodge structure)이고 H'가 호지부분구조(Hodge substructure)이면 호지부분구조 $H'' \subset H$가 존재하여 H과 $H' \oplus H''$가 호지구조로서 동형이다.

증명

만일 $(\ ,\ )$가 웨이트 k 호지구조 H 상의 폴라화라 하고, $H'' = \{u \in H \mid (u, v) = 0,\ v \in H'\}$하면 $H = H' \oplus H''$이고, H'에 제한한 $(\ ,\ )|_{H'}$은 비퇴화 교차형식이 된다.

$\langle u, v \rangle := i^k (u, \overline{v})$로 $H_{\mathbb{C}}$상에 정의하면 $\langle\ ,\ \rangle|_{H'}$는 H'상에서 호지-리만 쌍선형관계를 만족하며, 폴라화가 된다. ■

7.2 렆셔츠정리(Lefschetz Theorem)

M을 n차원 호지다양체라 하자.

웨이트 k 호지구조 $H^k(M;\mathbb{Q})$상에 폴라화를 구성하자.

$L \to M$을 양의 홀로모르픽 라인번들(positive holomorphic line bundle)로서 천류 $c_1(L) := l$이라 하자.

렆셔츠정리(hard Lefschetz theorem) **7.2.1**

컵맵 $l^{n-k} \cup : H^k(M;\mathbb{Q}) \to H^{2n-k}(M;\mathbb{Q})$는 호지구조를 유지하는 동형이다. 여기서 $k \le n$이다. ■

렆셔츠 정리에 의하여 **교차형식**(intersection form)

$$(\; , \;)_l : H^k(M,\mathbb{Q}) \times H^k(M;\mathbb{Q}) \to \mathbb{Q},$$

$$(\alpha, \beta)_l = \int_M l^{n-k} \cup \alpha \cup \beta, \qquad \alpha, \beta \in H^k(M;\mathbb{Q})$$

는 비퇴화교차형식으로 호지-리만 쌍선형관계의 (ⅰ)을 만족한다.

정의 및 정리 7.2.2

호지구조 $H^k(M,\mathbb{Q})$는 **렆셔츠분리**(Lefschetz decomposition)가 된다. 즉,

$$H^k(M;\mathbb{Q}) = \bigoplus_{2r \le k} l^r \cup H_0^{k-2r}(M;\mathbb{Q})$$

이 된다.

여기서 $H_0^{k-2r}(M;\mathbb{Q})$

$$:= \mathrm{Ker}\left[l^{n-k+2r+1} \cup : H^{k-2r}(M;\mathbb{Q}) \to H^{2n-k+2r+2}(M;\mathbb{Q})\right]$$

이고, **원초코호몰로지군**(primitive cohomology group)이라고 부른다. 이때 렆셔츠분리는 교차형식 $(\ ,\ )_l$에 대하여 서로 수직이다. (자세한 설명은 부록A를 참조하자.)

정리 7.2.3

호지구조 $H^k(M, \mathbb{Q})$ 상의 폴라화 $(\ ,\ )$은 렆셔츠분리가 서로 수직이고, 각 $l^r \cup H_0^{k-2r}(M, \mathbb{Q})$ 상에서 $(-1)^r(\ ,\ )_l$로 정의하면 호지-리만 쌍선형 관계를 만족하는 유일한 교차형식, 즉 폴라화가 된다.

예제 7.2.4

n-차원 사영복소공간 $M := \mathbb{CP}^n$의 코호몰로지환은

$$H^*(M;\mathbb{Q}) = \mathbb{Q} \oplus \mathbb{Q}l \oplus \cdots \oplus \mathbb{Q}l^n$$

이다. 여기서 l은 $H^2(M;\mathbb{Z})$의 생성원(generator)이다.
렆셔츠맵은 $l^{n-2k+1} \cup : H^{2k}(M;\mathbb{Q}) \to H^{2n-2k+2}(M;\mathbb{Q})$이므로, 원초코호몰지

$$\begin{aligned} H_0^{2k}(M;\mathbb{Q}) &= \mathrm{Ker}\left(l^{n-2k+1} \cup\right) \\ &= \left\{ rl^k \mid l^{n-2k+1} \cup (rl^k) = rl^{n-k+1} = 0 \right\} \\ &= \begin{cases} \{0\}, & k \geq 1 \\ \mathbb{Q}, & k = 0 \end{cases} \end{aligned}$$

이다. ■

n-차원 호지다양체 M에 대하여

호지분리는 $H^k(M;\mathbb{C}) = \bigoplus_{p+q=k} H^{p,q}(M)$이고 렆셔츠분리는

$H^k(M;\mathbb{C}) = \bigoplus_{2r \le k} l^r \cup H_0^{k-2r}(M;\mathbb{C})$이며, 각 원초코호몰로지는

다시 호지분리

$$H_0^{k-2r}(M;\mathbb{C}) = \bigoplus_{p'+q'=k-2r} H_0^{p',q'}(M)$$

가 된다.

정리 7.2.5

n-차원 호지다양체 M에 대하여

(1) **오일러수**(Euler number)

$$\chi(M) = \sum_{i=0}^{2n} (-1)^i b_i(M) = \sum_{r=0}^{2n} \sum_{p+q=r} (-1)^r h_{p,q}(M).$$

여기서 $b_i(M)$은 i-번째 **베티수**(Betti number), $h_{p,q}(M) = \dim_{\mathbb{C}} H^{p,q}(M)$은 **호지수**(Hodge number)이다.

(2) $\dim_{\mathbb{C}} H_0^k(M;\mathbb{C}) := b_{k,0}(M) = b_k(M) - b_{k-2}(M)$.

(3) $\dim_{\mathbb{C}} H_0^{p,q}(M) := h_{p,q}^0(M) = h_{p,q}(M) - h_{p-1,q-1}(M)$

이다. ■

주의

호지다양체 M의 렆셔츠분리와 원초코호몰로지

$$H^k(M;\mathbb{C}) = \bigoplus_{2r \le k} l^r \cup H_0^{k-2r}(M;\mathbb{C}),$$

$$H_0^{k-2r}(M;\mathbb{C}) = \bigoplus_{p+q=k-2r} H_0^{p,q}(M)$$

를 살펴보면 양의 홀로모르픽라인번들 $L \to M$의 천류 $l = c_1(L)$와 원초코호몰로지로 생성된다. 더욱이 호지구조 $H^k(M;\mathbb{C})$에 폴라화가 있어 분리가 직교(orthogonal)이고 각 성분에서 비퇴화(nondegenerate)이다.

따라서 *호지추측을 해결하기 위해서는 각 원초코호몰로지에서만 고려하면 된다.*

7.3 호지류와 대수적싸이클류 (Hodge Class and Algebraic Cycle Class)

코호몰로지류는 여러 가지 종류가 있으며 다양체에 따라 특이코호몰로지류, 드람코호몰로지류, 호지류, 대수적싸이클류 등이 있다. 여기에서는 호지다양체 상에서 호지류와 대수적싸이클류를 알아보자.

정의 7.3.1

H를 웨이트 $2k$ 유리호지구조라 하고, 호지분리를

$$H_{\mathbb{C}} = \bigoplus_{p+q=2k} H^{p,q}$$

라 하자.

(1) H의 **호지류**(Hodge class)는 $H \subset H_{\mathbb{C}}$의 원소로서 $H^{k,k}$에 속하는 원소이다.

(2) 기호로 $\mathrm{Hdg}^{2k}(H) := H \cap H^{k,k}$를 H의 **호지류공간**(space of Hodge classes)이라 한다.

(3) M이 호지다양체일 때 M의 $2k$-번째 **호지류공간**(space of $2k$ -dimensional Hodge classes of M)을

$$\mathrm{Hdg}^{2k}(M) := \mathrm{Hdg}^{2k}\left(H^{2k}(M;\mathbb{Q})\right)$$

로 쓰자.

호지다양체 M의 닫힌 해석학적 부분집합 $Z \subset M$은 초우정리(Chow theorem)에 의하여 닫힌 대수적 부분집합이다. M의 부분집합 Z가 여차원(codimension) k이면 M상에서 정의된 k개 동차다항식의 공동해들의 집합이다.

히로나카 정리(Hironaka theorem)에 의하여 Z의 위상은 변하지 않고 특이점을 제거할 수 있으므로 Z를 여차원 k인 M의 스므스 대수적 집합이라 할 수 있다.

정의 7.3.2

M을 n-차원 콤팩트 호지다양체라 하자.

(1) 여차원 k 닫힌 대수적 부분벌라이어티(subvariety) $Z \subset M$에 대하여 $[Z] \in H_{2n-2k}(M;\mathbb{Q}) \cong H^{2k}(M;\mathbb{Q})$를 **대수적싸이클류**(algebric cycle class)라 한다.

(2) $H^{2k}(M;\mathbb{Q})_{\mathrm{alg}} := \left\{ \sum_{i=0}^{p} r_i [Z_i] \,\middle|\, p \in \mathbb{Z}^+ \cup \{0\},\ r_i \in \mathbb{Q},\ [Z_i]\text{는 } M\text{의 여차원 } k\text{인 싸이클류} \right\}$

를 k-차원 **대수적류공간**(k-dimensional algebric class space)이라 한다.

주의

(1) 정의2.1 - 2.2에서 호지다양체 대신 콤팩트 켈러다양체로 대치할 수 있다.
왜냐하면 켈러다양체에서도 호지분리가 성립하기 때문이다. 그러나 호지추측은 켈러다양체에서는 성립하지 않는다.
(2) 벌라이어티(variety)는 특이점(singular point)이 있을 수 있지만 일반적(generic)으로 히로나카의 특이점 제거(desingularization) 의하여 미분다양체(differentiable manifold)와 같이 사용할 수 있다.

정리 7.3.1

M을 n-차원 콤팩트 호지다양체라 하자.
대수적싸이클류는 호지류이다. 즉,

$$H^{2k}(M;\mathbb{Q})_{\text{alg}} \subset \text{Hdg}^{2k}(M),\ \ k \le n$$

이다.

증명

포앙카레 듀알에 의하여

$$H^{2k}(M;\mathbb{C}) \cong H^{2n-2k}(M;\mathbb{C})^*$$

동형이고, $H^{2k}(M;\mathbb{C}) = \bigoplus_{p+q=2k} H^{p,q}(M) \supset H^{k,k}(M)$,

$$\begin{aligned} &H^{2n-2k}(M;\mathbb{C})^* \\ &= \Big(\bigoplus_{p'+q'=2n-2k} H^{p',q'}(M)\Big)^* \supset \big(H^{n-k,n-k}(M)\big)^* \end{aligned}$$

이다.

$\alpha \in H^{p',q'}(M),\quad p'+q'=2n-2k,\quad (p',q') \ne (n-k,n-k)$이고,

$[Z] \in H^{2k}(M;\mathbb{Q})_{\text{alg}}$라 하자.

$$\int_M [Z] \cup \alpha = \langle M,\ [Z] \cup \alpha \rangle = \langle PD[Z],\ \alpha \rangle = \int_Z \alpha = 0$$

이다. 왜냐하면 Z는 $(n-k)$-차원 복소부분다양체인데 α는 $(n-k, n-k)$-타입이 아니기 때문이다.

따라서 $[Z] \in H^{k,k}(M)$이다. ■

호지추측(Hodge conjecture) **7.3.2** (100만불 문제)

만일 M이 n-차원 콤팩트 호지다양체이고, $k \le n$이면 호지공간 $\mathrm{Hdg}^{2k}(M)$은 $\mathbb{Q}$상에서 여차원 k 닫힌 대수적부분집합 $Z \subset M$의 싸이클류 $[Z]$에 의하여 생성된다.

즉, $\mathrm{Hdg}^{2k}(M) = H^{2k}(M;\mathbb{Q})_{\text{alg}}$ *이다.*

주의

M을 n-차원 콤팩트 호지다양체라 하자.

(1) M상의 여차원 K 대수적 부분다양체 Z_i와 $r_i \in \mathbb{Q}$에 대하여 $Z = \sum r_i Z_i \in H_{2n-2k}(M;\mathbb{Q})$이고 대수적 싸이클류는

$$[Z] = \sum r_i [Z_i] \in H^{2k}(M;\mathbb{Q})_{\text{alg}}$$

이다. 정리7.3.1에 의하여 $[Z] \in \mathrm{Hdg}^{2k}(M)$이다.

따라서 호지추측은 $\mathrm{Hdg}^{2k}(M) \subset H^{2k}(M;\mathbb{Q})_{\text{alg}}$를 풀면 된다.

(2) 아티야-힐저브루크(Atiyah-Hirzebruch), 토타로(Totaro), 콜라(Kollár) 등에 의하여 정수계수(integral coefficient)에서는 일반적으로 호지추측이 성립하지 않는 예를 발견했다. 원래 호지추측은 정수계수였는데 유리수계수로 변경됐다.

(3) 켈러다양체에서는 호지추측이 성립하지 않는 반예(counter example)을 주커(Zucker; complex tori), 보이신(Voisin; Weil tori), 글로텐딕(Grothendieck; mixed Hodge structure) 등이 발견하였다.
(2)와 (3)과 같은 반례로 인하여 호지추측은 호지다양체의 유리수계수의 코호몰로지로 변경되었다.

7.4 알려진 결과(Known Results)

호지추측은 아직 완전히 풀지는 않았지만 알려진 결과를 몇 가지 소개하자.

정리 7.4.1

M을 n-차원 연결콤팩트호지다양체라 하자.

(1) $H^0(M;\mathbb{Q}) = H^0(M;\mathbb{Q})_{\text{alg}} = \text{Hdg}^0(M) = \mathbb{Q}[M]$,

(2) $H^{2n}(M;\mathbb{Q}) = H^{2n}(M;\mathbb{Q})_{alg} = \text{Hdg}^{2n}(M) = \mathbb{Q}[\text{pt}]$,

(3) $H^2(M;\mathbb{Z})_{\text{alg}} = \text{Hdg}^2(M;\mathbb{Z})$,

(4) $H^{2n-2}(M;\mathbb{Q})_{\text{alg}} = \text{Hdg}^{2n-2}(M)$.

증명

(1)과 (2)는 명확하다.

(3) M상에서 0이 되지 않은 홀로모르픽맵의 쉪(sheaf)를 $\mathscr{O}_M^*$라 하자. 체크코호몰로지군 $H^1(M;\mathscr{O}_M^*)$는 M상의 홀로모르픽 라인번들의 피

카르드군(Picard group)이다. **지수완전열**(exponential exact sequence)

$$0 \longrightarrow \mathbb{Z} \longrightarrow \mathscr{O}_M \xrightarrow{\exp} \mathscr{O}_M^* \longrightarrow 1$$

는 천류 c_1을 정의하는 코호몰로지 완전열

$$\begin{array}{ccccccc} \cdots \longrightarrow H^1(M;\mathscr{O}_M^*) & \xrightarrow{\delta} & H^2(M;\mathbb{Z}) & \xrightarrow{r} & H^2(M;\mathscr{O}_M) \longrightarrow \cdots \\ & \overset{c_1}{\searrow} & \downarrow & & \simeq H^{0,2}(M) \\ & & H^2_{1,1}(M;\mathbb{Z}) & & \end{array}$$

을 유도한다. 여기서

$$H^2_{1,1}(M;\mathbb{Z}) = \mathrm{Ker}\left[\begin{array}{ccc} r: H^2(M;\mathbb{Z}) & \longrightarrow & H^2(M;\mathscr{O}_M) \\ \downarrow & & \uparrow \simeq \\ H^2(M;\mathbb{C}) & \xrightarrow{\mathrm{proj}} & H^{0,2}(M) \end{array}\right]$$

이고, 교환이다.

왜냐하면, $\mathbb{Z} \to \mathscr{O}_M$과 $\mathbb{Z} \to \mathbb{C}$는 포함맵이고, proj 는 사영맵, $H^{0,2}(M) \xrightarrow{\sim} H^2(M;\mathscr{O}_M)$은 세레(Serre) 동형이기 때문이다.

만일 $\alpha \in H^2_{1,1}(M;\mathbb{Z}) \subset H^2(M;\mathbb{Z})$이면 $\alpha^{0,2} = 0$이다.

α가 실코호몰로지류(real cohomology class)이므로 $\alpha^{2,0} = 0$이다.

따라서 $\alpha = \alpha^{1,1} \in H^2_{1,1}(X;\mathbb{Z})$가 되어 $H^2_{1,1}(M;\mathbb{Z})$는 정수호지류의 군이다. 그러므로

$$\begin{aligned} H^2_{1,1}(M;\mathbb{Z}) &= \mathrm{Ker}\, r = \mathrm{Im}\, \delta\big(H^1(M;\mathscr{O}_M^*)\big) \\ &= \big\{c_1(L) \mid L \in H^1(M;\mathscr{O}_M^*)\big\}. \end{aligned}$$

즉, 정수호지류의 집합과 홀로모르픽 라인번들의 천류의 집합은 일대일대응이다.

세레-가가 원리(Serre-GAGA principle)에 의하여 호지다양체 상에서는 홀로몰픽 라인번들과 대수적 라인번들은 같다. 또한 홀로몰픽 라인번들은 제로가 아닌 멜로몰픽섹션(meromorphic section) 를 갖는다. 이때 디바이저(divisor) $D_\sigma := \sigma^{-1}(0)$는 여차원 1인 대수적싸이클이다.

렐롱정리(Lelong theorem)에 의하여 디바이저 D_σ는 라인번들 L의 천류를 나타낸다. 즉,

$$[D_\sigma] = c_1(L) = \alpha \in Hdg^2(M;\mathbb{Z}) = H^2_{1,1}(M;\mathbb{Z}) = H^2(M;\mathbb{Z})_{\text{alg}}$$

이다.

(4) $L \to M$을 양의 홀로몰픽 라인번들이라 하자.
렆셔츠맵

$$l^{n-2}\cup : H^2(M;\mathbb{Q}) \to H^{2n-2}(M;\mathbb{Q})$$

은 호지구조 동형이다. 여기서 $l = c_1(L)$이다.

따라서 호지류 $\beta \in \mathrm{Hdg}^{2n-2}(M,\mathbb{Q})$에 대하여 호지류

$\alpha \in \mathrm{Hdg}^2(M,\mathbb{Q})$가 존재하여 $\beta = l^{n-2} \cup \alpha$이다.

(3)에 의하여 호지류 α는 디바이져류

$$\alpha = [D] = \sum r_i [D_i]$$

이다. 여기서 $r_i \in \mathbb{Q}$이고, D_i는 M의 여차원 1인 M의 부분다양체이다.

$\sigma_1, \cdots, \sigma_{n-2}$를 $L \to M$의 일반섹션(generic section)이라 하고, 교집합을 $C_i := D_i \cap \sigma_1^{-1}(0) \cap \cdots \cap \sigma_{n-2}^{-1}(0)$라 두자.

그러면 C_i는 여차원 $(n-1)$인 M상의 커브이다.

따라서 $\beta = \sum_i r_i [\, C_i \,] \in H^{2n-2}(M;\mathbb{Q})_{\text{alg}}$ 이다. ■

주의

M을 n-차원 콤팩트 호지다양체라고 하자.

(1) 호지추측 : $\text{Hdg}^{2k}(M) = H^{2k}(M;\mathbb{Q})_{\text{alg}}$

은 $k=0, 1, n-1, n$일 때 성립한다.

특히, $k=0, 1, n$에서는 정수계수에서 호지추측이 성립한다.

(2) 정수호지군

$$\begin{aligned}\text{Hdg}^2(M;\mathbb{Z}) &= H^2(M;\mathbb{Z}) \cap H^{1,1}(M) \\ &= \text{Ker}\left[H^2(M;\mathbb{Z}) \xrightarrow{r} H^2(M;\mathbb{Q}) \right] \\ &= \{ c_1(L) \mid L \in H^1(M; O_M^*) \} \\ &= \{ [\, D_\sigma \,] \mid \sigma \in \Gamma(L, M) \} = H^2(M;\mathbb{Z})_{\text{alg}}\end{aligned}$$

이다.

(3) M이 미분다양체일 때 완전열

$$0 \longrightarrow \mathbb{Z} \longrightarrow \mathcal{E} \xrightarrow{\exp} \mathcal{E}^* \longrightarrow 1$$

은 코호몰로지 긴완전열(long exact sequence)

$$\begin{aligned}\longrightarrow H^1(M;\mathcal{E}) \xrightarrow{\exp^*} H^1(M;\mathcal{E}^*) \xrightarrow{c_1} H^2(M;\mathbb{Z}) \\ \longrightarrow H^2(M;\mathcal{E}) \longrightarrow\end{aligned}$$

을 유도한다.

그런데 $\mathcal{E}$가 소프트쉪(soft sheaf)이므로

$H^1(M;\mathcal{E}) = H^2(M;\mathcal{E}) = 0$ 이다. 따라서

$H^1(M;\mathcal{E}^*) \xrightarrow[\sim]{c_1} H^2(M;\mathbb{Z})$ 는 동형이다.

그러므로 $H^1(M;\mathcal{E}^*) = \{\mathbb{C} \to L \to M:\ \text{라인번들}\}$

$$= \{c_1(L) \mid L \to M:\ \text{라인번들}\}$$

$$= H^2(M;\mathbb{Z})$$

이다.

(4) 정리7.4.1의 (3)과 주의 (3)으로부터 복소라인번들과 홀로몰픽 라인번들의 차이를 알 수 있다.

CHAPTER 08 렆셔츠추측(Lefschetz Conjecture)

렆셔츠추측은 호지추측의 특별한 경우라 할 수 있다. 렆셔츠추측은 호지다양체에서 렆셔츠동형은 호지구조를 유지함으로 호지다양체 적(product)에서 호지류가 되며 이는 적공간에서 대수적싸이클류가 된다. 렆셔츠동형이 호지구조를 유지하는 동형임으로 그 역맵(inverse map)도 호지구조를 유지하는 동형맵이다. 따라서 이 역맵은 적공간에서 호지류가 된다. 그리고 *"역맵인 호지류가 적공간에서 대수적 싸이클류일 것이다"*가 **렆셔츠추측**(Lefschetz conjecture)이다.
렆셔츠추측이 진이면 대수적싸이클류에서 대한 여러가지 중요한 결과들이 유도되며, 연관되어 있는 여러가지 추측이 동시에 해결되는 중요한 미해결 문제이다.
렆셔츠동형맵을 이해하기 위하여 다양체의 적에서 대각코호몰로지류와 대각공간에 대한 노말번들의 구조가 필요하여 이를 간단히 다루고, 렆셔츠 초곡면정리, 렆셔츠동형 그리고 렆셔츠추측을 소개하자.

8.1 대각코호몰로지류(Diagonal Cohomology Class)

M을 n-차원 리만다양체(Riemannian manifold)라 하자.
M을 대각맵 $i_\Delta : M \to M \times M,\ x \mapsto (x, x)$, 의하여 $M \times M$에 **대각매장**(diagonal embedding), $i_\Delta(M) := \Delta(M)$, 할 수 있다.
적공간 $M \times M$상의 **리만구조**(Riemannian structure)는 다음과 같이

정의하자.

각 점 $(x, y) \in M \times M$에서 탄젠트공간의 벡타

$$(u_1, v_1), (u_2, v_2) \in T_{(x, y)}(M \times M) = T_xM \times T_yM$$

에 대하여 적공간의 내적 $\ll , \gg$을

$$\ll (u_1, v_1), (u_2, v_2) \gg \; = \; < u_1, u_2 > + < v_1, v_2 >$$

로 정의한다. 여기서 $< u, v >$는 M에서 내적이다.

편의상 M을 콤팩트공간이라 하자. 그러면 대각공간 $\Delta(M)$은 $M \times M$의 콤팩트 폐부분공간이다.

$M \times M$의 탄젠트 번들을 대각공간에 제한을 생각하자.

$$\begin{array}{ccccc}
TM & & T(M \times M)|_{\Delta(M)} & & T(M \times M) \\
\downarrow & & \downarrow & & \downarrow \\
M & \xrightarrow{\ i_\Delta\ } & \Delta(M) & \subset & M \times M
\end{array}$$

탄젠트번들은

$$\begin{aligned}
T(M \times M)\Big|_{\Delta(M)} &= \bigcup_{(x, x) \in \Delta(M)} T_{(x, x)}(M \times M) \\
&= \bigcup_{(x, x) \in \Delta(M)} (T_xM \times T_xM)
\end{aligned}$$

이다.

$\Delta(M)$의 각 점 (x, x)에서 탄젠트공간은

$$T_{(x, x)}(M \times M) = T_xM \times T_xM \to (T_{(x, x)}\Delta(M)) \oplus \eta_{(x, x)}$$

$$(u, v) \mapsto \left(\left(\frac{u+v}{2}, \frac{u+v}{2}\right), \left(\frac{u-v}{2}, \frac{-u+v}{2}\right)\right)$$

로 분리되므로 탄젠트번들 $T(M \times M)$을 $\Delta(M)$에 제한하면

$$T(M\times M)|_{\Delta(M)} \simeq T\Delta(M)\oplus\eta$$

$\Delta(M)$의 탄젠트번들과 **노말번들**(normal bundle) η로 분리된다.

정리 8.1.1

대각공간으로 매장 $i_\Delta : M\to\Delta(M)\subset M\times M$에 대하여 탄젠트 번들 TM과 $T\Delta(M)$은 노말번들 η은 번들동형(bundle isomorphism)이다.

증명

대각매장 $i_\Delta : M\to\Delta(M),\ x\mapsto(x,x)$의 미분

$$di_{\Delta_x}(v) := T_xM\to T_{(x,x)}\Delta(M)$$

$di_{\Delta_x}(v)=(v,v)$은 단사이고 차원이 같으므로 di_{Δ_x}는 동형이다.

또한 노말맵 $T_xM\to\eta_{(x,x)},\ v\mapsto(v,-v)$역시 단사이고 차원이 같으므로 동형이다. ■

적공간 $M\times M$의 메트릭을 사용하면, 작은 양수 $\varepsilon>0$에 대하여 $\eta(\varepsilon)=\{((x,x),v)\in\eta\mid |v|<\varepsilon\}\to\Delta(M)$은 ε-**디스크번들**(ε-disc bundle)이다.

리만기하학에서 **지수맵**(exponential map)

$$\exp:\ \eta(\varepsilon)\to M\times M,\quad ((x,x),v)\mapsto \exp_{(x,x)}(v)=r(1)$$

$$\text{여기서 } r:\ [0,1]\to M\times M,\ r(0)=(x,x),\ r'(0)=v$$

를 만족하는 유일한 **측지선**(geodesic)이다.

충분히 작은 $\varepsilon>0$에 대하여 미분방정식 해의 존재성, 유일성, 스므

스성에 의하여 지수맵은 잘 정의된다.

튜브근방정리(tubular neighborhood theorem) **8.1.2**

작은 양수 $\varepsilon > 0$이 존재하여, 지수맵

$$\exp : \eta(\varepsilon) \to N(\varepsilon) \subset M \times M, \ \exp((x, x), v) = \exp_{(x, x)}(v)$$

은 미분동형이다. 여기서 $N(\varepsilon) = \exp(\eta(\varepsilon))$는 대각공간 $\Delta(M)$의 개근방(open neighborhood)이다. ■

계 8.1.3

코호몰로지환 $H^*(\eta, \eta_0 ; \mathbb{R})$과 $H^*(M \times M, M \times M - \Delta(M) ; \mathbb{R})$은 동형이다. 여기서 $\eta_0 = \eta - \{0 - \text{섹션}\}$이다.

증명

정리8.1.2에서 $M \times M - N(\varepsilon)$을 잘라내면 **절단정리**(excision theorem)에 의하여

$H^*(M \times M, M \times M - \Delta(M)) \simeq H^*(N(\varepsilon), N(\varepsilon) - \Delta(M))$은 동형이고, $\exp^* : H^*(N(\varepsilon), N(\varepsilon) - \Delta(M)) \xrightarrow{\sim} H^*(\eta(\varepsilon), \eta(\varepsilon)_0)$도 동형이고, $H^*(\eta, \eta_0) \simeq H^*(\eta(\varepsilon), \eta(\varepsilon)_0)$은 동형이다. ■

정리1.6.2의 (3)에 의하여 **기본코호몰로지류** $u \in H^n(\eta, \eta_0 ; \mathbb{Z})$가 유일하게 존재하여 각 점 $(x, x) \in \Delta(M)$에서

$$H^n(\eta, \eta_0 ; \mathbb{Z}) \to H^n(\eta_{(x, x)}, \eta_{0(x, x)} ; \mathbb{Z}) = \langle u_x \rangle \quad u \mapsto u_x$$

u의 제한은 생성원 u_x가 된다.

톰동형정리(Thom isomorphism theorem)에 의하면 컵맵

$$u\cup : H^i(\eta\,;\mathbb{Z}) \to H^{n+i}(\eta,\ \eta_0\,;\mathbb{Z})$$

는 동형(isomorphism)이다.

정리 8.1.4

제한맵(restriction map)

$$H^n(\eta,\ \eta_0\,;\mathbb{Z}) \longrightarrow H^n(\eta\,;\mathbb{Z}) \xrightarrow{\sim} H^n(\Delta(M)\,;\mathbb{Z})$$

에 대한 u의 상은 노말번들의 오일러류 $e(\eta)$가 된다. ■

주의

M을 n-차원 콤팩트 리만다양체라 하고, $\eta \to \Delta(M) \subset M\times M$을 대각공간의 노말번들이라 하자.
다음 다이어그램

$$\begin{array}{ccccc}
H^n(\eta,\ \eta_0) & \longrightarrow & H^n(\eta) & \longrightarrow & H^n(\Delta(M)) \\
\simeq\downarrow & & \simeq\downarrow & & \| \\
H^n(\eta(\varepsilon),\ \eta(\varepsilon)_0) & \longrightarrow & H^n(\eta(\varepsilon)) & \longrightarrow & H^n(\Delta(M)) \\
\simeq\uparrow \exp^* & & \simeq\uparrow \exp^* & & \| \\
H^n(N(\varepsilon),\ N(\varepsilon)-\Delta(M)) & \longrightarrow & H^n(N(\varepsilon)) & \longrightarrow & H^n(\Delta(M)) \\
\simeq\uparrow \text{절단정리} & & \uparrow & & \| \\
H^n(M\times M,\ M\times M-\Delta(M)) & \longrightarrow & H^n(M\times M) & \longrightarrow & H^n(\Delta(M))
\end{array}$$

은 교환이다. $u \in H^n(\eta,\ \eta_0)$의 상은 η의 오일러류 $e(\eta)$ $\in H^n(\Delta(M))$이다.
다이어그램에서
동형 $H^n(\eta, \eta_0) \to H^n(M\times M, M\times M-\Delta(M))$에 대한 u의 상을 $u' \in H^n(M\times M, M\times M-\Delta(M))$이라 하자.

정의 8.1.1

제한맵 $H^n(M\times M, M\times M-\Delta(M)) \to H^n(M\times M)$에 대한 u'의 상을 $u'|_{M\times M} := u'' \in H^n(M\times M)$라 쓰고 u''를 $\Delta(M)$의 **듀알코호몰로지류**(dual cohomology class)라 한다. 또한 u''를 **대각코호몰로지류**(diagonal cohomology class)라고도 부른다.

다음은 대각코호몰로지류 $u'' \in H^n(M\times M)$에 관한 결과를 증명없이 소개하자. 편의상 계수체를 $\mathbb{R}$ 혹은 $\mathbb{C}$라 하자.

정리 8.1.5

M을 콤팩트 n-차원 방향 리만다양체라 하자.

(1) 만일 $\{a_1, \cdots, a_r\}$이 코호몰로지대수 $H^*(M)$의 기저(basis)이면 듀알기저 $\{a_1^*, \cdots a_i^*\}$가 $H^*(M)$에 존재하여

$$\int_M a_i \cup a_j^* = \delta_{ij},\ i, j = 1, \cdots, r \text{ 이다.}$$

(2) 대각코호몰로지류는 $u'' = \sum_{i=1}^{r}(-1)^{\dim a_i} a_i \times a_i^* \in H^n(M\times M)$

이다.

(3) **경사곱**(slant product)

$$u''/ \; : H_{n-k}(M) \to H^k(M)$$

은 동형이다. 포앙카레 듀알동형

$$\cap\,[M] : \; H^k(M) \to H_{n-k}(M)$$

의 역(inverse)는 $(-1)^{nk}u''/$ 이다.

(4) 포앙카레 듀알동형

$$\cap\,[M\times M] \; : \; H^n(M\times M) \to H_n(M\times M)$$

의 상은 $u''\cap[M\times M] = (-1)^n i_*([\Delta(M)])$이다.

여기서 $i : \Delta(M) \to M\times M$은 포함맵이다. ■

주의

(1) 정리8.1.5의 (4) 때문에 u''를 $\Delta(M)$의 듀알코호몰로지류라고 부른다.

(2) 경사곱

$$/ \; : \; H^n(M\times M)\times H_n(M) \to H^0(M)$$

의 상은 $u''/[M] = 1 \in H^0(M)$이고,

$$(u''/[M])_x = 1 \in H^0(x),\; x\in M$$이다.

(3) 제한맵

$$H^n(M\times M,\, M\times M - \Delta(M))$$
$$\to H^n(M\times M) \to H^n(\Delta(M))$$

에서 u'의 상은 노말번들의 오일러류 $e(\eta)$다.

대각맵 $i_\Delta : M \to \Delta(M)$은 미분동형이고 번들맵 $TM \to \eta$, $v \mapsto (v, -v)$는 번들동형이다.

따라서 오일러류 $e(TM) = i_{\Delta}^{*}(u'')$이다.

정리8.1.5의 (1)과 (2)에 의하여 오일러류는

$$e(TM) = i_{\Delta}^{*}\left(\sum_{i=1}^{r}(-1)^{\dim a_i} a_i \times a_i^{*}\right)$$

$$= \sum_{i=1}^{r}(-1)^{\dim a_i} a_i \cup a_i^{*}$$

이고, M의 오일러수는

$$\int_{M} e(TM) = \sum_{i=1}^{n}(-1)^{\dim a_i} \int_{M} a_i \cup a_i^{*}$$

$$= \sum_{i=1}^{r}(-1)^{\dim a_i} = \chi(M)$$

이다.

8.2 렆셔츠 동형맵(Lefschetz Isomorphism)

호지다양체 M의 적공간 $M \times M$에서 호지구조를 알기 위하여 호지구조 상의 몰피즘에 대하여 알아보자.

정리 8.2.1

H와 H'는 호지구조로서 각각 웨이트 k와 $k' = k + 2r$을 가졌다고 하자. 그러면 호지구조 $\mathrm{Hom}(H, H')$의 웨이트 $2r$의 호지류와 호지구조의 몰피즘 $\phi : H \rightarrow H'$은 같다.

증명

호지구조 $\mathrm{Hom}(H, H') = H^* \otimes H'$는 웨이트$(H^*)$ + 웨이트$(H') = (-k) + (k+2r) = 2r$ 웨이트를 갖는다.

호지류 $\phi \in \mathrm{Hom}(H, H') \cap \mathrm{Hom}(H, H')^{(r,r)}_{\mathbb{C}}$는 $\mathbb{Q}$-선형맵

$\phi: H \to H'$이며 $\phi_{\mathbb{C}}: H_{\mathbb{C}} \to H_{\mathbb{C}}'$의 (r, r)-타입이다. 따라서

$$\begin{aligned}\phi_{\mathbb{C}} &\in \bigoplus_{(p,q} (H^*)^{(p,q)} \otimes H'^{(r-p,r-q)} \\ &= \bigoplus_{(p,q)} \left(H^{(-p,-q)}\right)^* \otimes H'^{(r-p,r-q)} \\ &= \bigoplus_{(p,q)} \left(H^{(p,q)}\right)^* \otimes H'^{(r+p,r+q)}\end{aligned}$$

이다. 그러므로 맵

$$\phi_{\mathbb{C}}: H_{\mathbb{C}} \to H_{\mathbb{C}}', \ \phi_{\mathbb{C}}\left(H^{p,q}\right) \subset H^{p+r,q+r}$$

은 호지구조의 몰피즘이다. ■

M을 n-차원 호지다양체라 하자.

정수 k에 대하여 **퀴네스정리**(Künneth theorem)에 의하여

$$\begin{aligned}\mathrm{End}\left(H^k(M;\mathbb{Q})\right) &= H^k(M;\mathbb{Q})^* \otimes H^k(M;\mathbb{Q}) \\ &\simeq H^{2n-k}(M;\mathbb{Q}) \otimes H^k(M;\mathbb{Q}) \subset H^{2n}(M \times M;\mathbb{Q})\end{aligned}$$

이다. 정리8.2.1에 의하여 호지구조 몰피즘 $\phi_k \in \mathrm{End}\left(H^k(M;\mathbb{Q})\right)$은 $H^{2n}(M \times M;\mathbb{Q})$의 호지류이다. 즉, $[\phi_k] \in \mathrm{Hdg}^{2n}(M \times M)$이다.

특히 $H^k(M;\mathbb{Q})$의 항등맵(identity)

$$I_k: H^k(M;\mathbb{Q}) \to H^k(M;\mathbb{Q})$$

은 호지구조의 몰피즘이므로 $[I_k] \in \mathrm{Hdg}^{2n}(M \times M; \mathbb{Q})$은 호지류이다. 몰피즘의 합

$$\sum_{k=0}^{2n} I_k : H^*(M; \mathbb{Q}) \to H^*(M; \mathbb{Q})$$

은 항등맵이므로, 호지류의 합

$$\sum_{k=0}^{2n} [I_k] \in \mathrm{Hdg}^{2n}(M \times M)$$

도 호지류이다.

대각공간(diagonal space) $\Delta(M) = \{(x, x) \mid x \in M\} \subset M \times M$은 대수적 싸이클류 $[\Delta(M)] \in H^{2n}(M \times M; \mathbb{Q})_{\mathrm{alg}}$이다.

정리 8.2.2

M이 n-차원 호지다양체이면, 호지류 $\sum_{k=0}^{2n} [I_k]$는 대수적이다. 즉,

$\sum_{k=0}^{n} [I_k] = [\Delta(M)] \in H^{2n}(M \times M; \mathbb{Q})_{\mathrm{alg}}$이다. ■

각 k에 대하여 호지류 $[I_k]$을 대각류(diagonal class) $[\Delta(M)] = \sum_{k=0}^{2n} [I_k]$의 **퀘네스성분**(Künneth component)이라 한다. 각 퀘네스성분 $[I_k]$이 대수적인지는 아직 미해결 문제이다.

그러나 아벨벌라이어티(abelian Variety)에서는 진(true)임이 알려졌다.

정리 8.2.3
아벨벌라이어티(복소사영토러스)의 대각류의 퀴네스성분은 대수적 싸이클류이다. ■

n-차원 콤팩트 호지다양체 M상의 양의 홀로몰픽 라인번들

$$L \to M$$

이 천류 $c_1(L) = l$을 가졌다고 하자.
렆셔츠맵

$$l^{n-k} \cup \; : \; H^k(M;\mathbb{Q}) \to H^{2n-k}(M;\mathbb{Q})$$

는 호지구조 동형몰피즘이므로 정리8.2.1에 의하여
$[\, l^{n-k} \cup \,] \in \mathrm{Hdg}^{4n-2k}(M \times M)$은 호지류이다.
앞에서와 같이 $\sigma_1, \cdots, \sigma_{n-k}$를 $L \to M$의 홀로몰픽 일반섹션(generic section)이라 하면 교집합 $Z = \sigma_1^{-1}(0) \cap \cdots \cap \sigma_{n-k}^{-1}(0)$은 M의 여차원 $(n-k)$ 대수적부분다양체이다.
렙숑정리에 의하여 코호몰로지류로서

$$l^{n-k} = [\, Z \,] \in H^{2n-2k}(M;\mathbb{Q})_{\mathrm{alg}}$$

이다.
대각맵 $i_\Delta : M \to M \times M$에 대한 기신맵(Gysin map)

$$i_\Delta ! : H^{2n-2k}(M;\mathbb{Q}) \to H^{4n-2k}(M \times M;\mathbb{Q})$$

의 상은 $i_\Delta!([\, Z \,]) \in H^{4n-2k}(M \times M;\mathbb{Q})$이다.
실제로 Z는 M의 k-차원 대수적부분다양체이고 $i_\Delta(Z)$는 $M \times M$의 k-차원 대수적부분다양체이며 대각공간 $\Delta(M)$에 들어 있다.

정리 8.2.4

n-차원 콤팩트 호지다양체 M의 양의 홀로몰픽 라인번들 $L \to M$, $c_1(L) = l$에 대하여

(1) $l^{n-k} = [Z] \in H^{2n-2k}(M;\mathbb{Q})_{\text{alg}}$,

(2) $i_\Delta!([Z]) = [i_\Delta Z] = [l^{n-k} \cup] \in H^{4n-2k}(M \times M;\mathbb{Q})_{\text{alg}}$

이다. 다시 말하면 호지류 l^{n-k}와 $[l^{n-k} \cup]$는 각각 M과 $M \times M$에서 대수적싸이클이다. ■

예제 8.2.4

M을 n-차원 콤팩트 호지다양체라 하자.
맵 $f: M \to M$이 홀로몰픽이고 $G(f) = \{(x, f(x)) \mid x \in M\}$을 f의 그래프(graph)라 하자.
$k = 0, 1, \cdots, 2n$에 대하여 당김맵(pull-back map)

$$f_k^* : H^k(M;\mathbb{Q}) \to H^k(M;\mathbb{Q})$$

은 호지구조를 유지하는 몰피즘(morphism)이다.
정리8.2.1에 의하여

$$[f_k^*] \in \text{Hdg}^{2n}(\text{Hom}(H^k(M), H^k(M)) \subset \text{Hdg}^{2n}(H^{2n}(M \times M;\mathbb{Q}))$$
$$= \text{Hdg}^{2n}(M \times M),\ k = 0, 1, \cdots, 2n$$

은 $M \times M$상에서 $2n$-차원의 호지류이다.

호지류의 합 $[f^*] := \sum_{k=0}^{2n} [f_k^*] \in \text{Hdg}^{2n}(M \times M)$은 $M \times M$상에서 $2n$-차원 호지류이다.

한편 f의 그래프 $[G(f)] \in H^{2n}(M \times M;\mathbb{Q})_{\text{alg}}$은 $M \times M$상에서

싸이클류이며, 맵으로서 각 $k=0, \cdots, 2n$에 대하여

$$
\begin{array}{ccc}
[\,G(f)\,]^* : H^k(M;\mathbb{Q}) & \longrightarrow & H^k(M;\mathbb{Q}) \\
\downarrow p_1^* & & \uparrow p_2! \\
H^k(M\times M;\mathbb{Q}) & \xrightarrow{[\,G(f)\,]\cup} & H^{2n+k}(M\times M;\mathbb{Q})
\end{array}
$$

$$[\,G(f)\,]^*(\alpha) = p_2!\big([\,G(f)\,]\cup p_1^*(\alpha)\big),\ \ \alpha\in H^k(M;\mathbb{Q})$$

는 맵 $f_k^* : H^k(M;\mathbb{Q}) \to H^k(M;\mathbb{Q})$이다.

여기서 $p_i : M\times M \to M$는 사영맵이다.

다음 다이어그램을 생각해 보자.

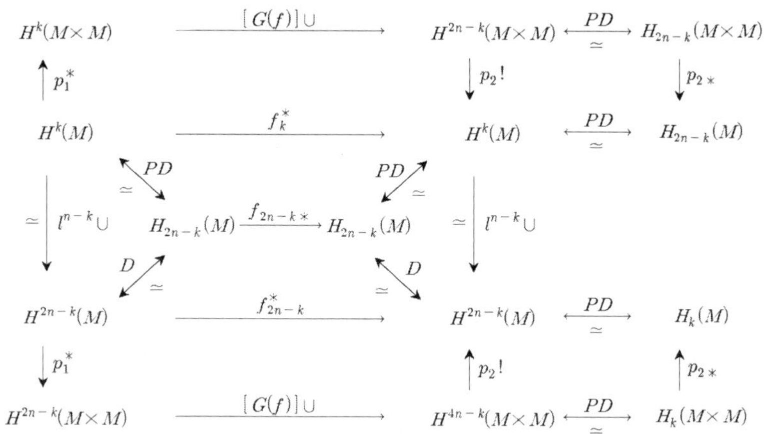

여기서 p_i는 사영맵이고, $p_i!$는 기신(Gysin)맵이며 D는 듀알(dual)동형맵, PD는 포앙카레듀알(Poincaré dual)맵이다.

정리 8.2.5

위와 같은 조건에서, $f: M \to M$을 복소동형맵(biholomorphic map)이라 하자.

(1) $f_i^* = p_2! \circ ([G(f)] \cup) \circ p_1^*$.

(2) $p_2! = PD \circ p_{2*} \circ PD$, $PD \circ f_k^* = f_{2n-k*} \circ PD$,

$D \circ f_{2n-k*} = f_{2n-k}^* \circ D$.

(3) $f_{2n-k}^* \circ (l^{n-k} \cup) = (l^{n-k} \cup) \circ f_k^*$.

(4) $[l^{n-k} \cup] = i_\Delta ! [Z]$, $[G(f)] = [f^*]$.

여기서 $Z = \sigma_1^{-1}(0) \cap \cdots \cap \sigma_{n-k}^{-1}(0)$, σ_i는 $L \to M$의 일반 홀로몰픽섹션(generic holomorphic section)이고, $[f^*] = \left[\sum_{i=0}^{2n} f_i^* \right]$이다.

증명

(3)를 증명하자. 나머지는 앞에서 설명하였다.

임의의 원소 $\alpha \in H^k(M; \mathbb{Q})$에 대하여

$$
\begin{aligned}
&\left(f_{2n-k}^* \circ l^{n-k} \cup\right)(\alpha) = f_{2n-k}^*(l^{n-k} \cup \alpha) \\
&= f_{2n-k}^*(l^{n-k}) \cup f_k^*(\alpha) = f_2^*(l) \cup \cdots \cup f_2^*(l) \cup f_k^*(\alpha) \\
&= f_2^*(c_1(L)) \cup \cdots \cup f_2^*(c_1(L)) \cup f_k^*(\alpha) \\
&= c_1(f_2^* L) \cup \cdots c_1(f_2^* L) \cup f_k^*(\alpha) = c_1(L) \cup \cdots c_1(L) \cup f_k^*(\alpha) \\
&= l^{n-k} \cup f_k^*(\alpha) = \left[(l^{n-k} \cup) \circ f_k^* \right](\alpha).
\end{aligned}
$$

여기서 f가 복소동형맵이므로 f^*는 대수동형(algebra isomorphism)이고 $L \simeq f^* L$은 번들동형이다.

따라서 $f_{2n-k}^* \circ (l^{n-k} \cup) = (l^{n-k} \cup) \circ f_k^*$이다. ■

계 8.2.6

정리8.2.5의 (4)에 의하여

호지류 $[l^{n-k}\cup] \in \mathrm{Hdg}^{4n-2k}(M\times M)$과

호지류 $[f^*] \in \mathrm{Hdg}^{2n}(M\times M)$은 대수적 싸이클류

$$[l^{n-k}\cup] = i_{\Delta}![Z] \in H^{4n-2k}(M\times M;\mathbb{Q})_{\mathrm{alg}},$$

$$[f^*] = [G(f)] \in H^{2n}(M\times M;\mathbb{Q})_{\mathrm{alg}}$$

이다. ■

8.3 렆셔츠추측(Lefschetz Conjecture)

먼저 렆셔츠의 초곡면섹션정리(hyperplane section theorem)을 소개하자.

보조정리 8.3.1

M을 n-차원 복소다양체이며 $\mathbb{C}^N$에 복소 폐부분집합(complex closed subset)로서 매장되었다고 하자. 그러면

(1) M은 실 n-차원 CW-복체의 호모토피 타입(homotopy type)이다.

(2) $H_k(M;\mathbb{Z})=0,\ k>n$이다.

증명

(1)을 증명하면 (2)는 명백하다.

M의 호모토피 타입을 알기 위하여 모세이론(Morse theory)을 이용하

자. **이차형식**(quadratic form)을

$$Q : M \to \mathbb{C},\ Q(z, \cdots z_n) = \sum b_{hj} z_h \cdot z_j$$

라고 정의하자. $z_j = x_j + iy_j$라 하고 Q의 실수 부분을

$$Q'(x_1, \cdots, x_n, y_1, \cdots, y_n) := \mathrm{Re}\sum b_{hj}(x_h + iy_h)(x_j + iy_y)$$

라 하자.

(i) 만일 e가 Q'의 고유치이며 **중복도**(multiplicity) λ이면 $-e$도 Q'의 고유치이며 같은 중복도 λ를 갖는다.

증명

항등식 $Q(iz_1, \cdots, iz_n) = -Q(z_1, \cdots, z_n)$으로부터 변수 z_j을 iz_j로 바꾸면 Q'는 $-Q'$로 바뀐다. 따라서 $-e$도 Q'의 고유치이며 중복도 λ를 갖는다.

(ii) 점 $q \in M^n \subset \mathbb{C}^N$를 잡자.

v를 q에서 M의 단위 노말벡터(unit normal vector)라 하고

$l(t) = q + tv$를 **노말라인**(normal line)이라 하자.

만일 $q + tv$가 **초점**(focal point)이라 하면 $q - tv$도 초점이며 같은 중복도(multiplicity)를 갖는다.

증명

$(z_1, \cdots, z_n)$을 M의 복소좌표계(complex coordinate system)으로서 $z_1(q) = \cdots = z_n(q) = 0$라 하자.

포함맵 $M \to \mathbb{C}^N$의 좌표맵

$w_k(z_1, \cdots, z_n) := w_k,\ k = 1, \cdots, N,$ 는 홀로몰픽 맵이다.

헐미션내적은

$$(w, v) = \sum_{k=1}^{N} w_k \cdot \overline{v_k} = \sum_{k=1}^{N} w_k(z_1, \cdots, z_n) \cdot \overline{v_k}$$
$$= c + Q(z_1, \cdots, z_n) + \text{고차원항}$$

여기서 c는 상수이고, 일차원은 v가 M에 노말이므로 0이며, Q는 동차이차형식(homogeneous quadratic form)이다.

$z_k = x_k + iy_k$, $k = 1, \cdots, n$라 하면, M상에서 실내적(real inner product)는

$$w \cdot v = \mathrm{Re}\Sigma w_k \cdot \overline{v_k}$$
$$= c + Q'(x_1, \cdots, x_n, y_1, \cdots, y_n) + \text{고차원항}$$

이 된다.

여기서 이차항 Q'은 M의 q에서 노말 v방향으로 **제이기본형식**(second fundamental form)이다.

(ⅰ)에 의하여 Q'의 고유치는 반대쌍으로 나타나며 (M, q)의 초점은 노말라인 l을 따라 대칭으로 나타난다.

(ⅲ) 점 $p \in \mathbb{C}^N$에서 거리제곱맵

$$L_p : M \to \mathbb{R},\ L_p(q) = |p - q|^2,\ q \in M$$

이 퇴화특이점(degenerate critical point)을 갖지 않도록 잡자.

M이 $\mathbb{C}^N$의 폐부분집합이므로 $M^a = L_p^{-1}[0, a]$는 콤팩트이다.

특이점 q에서 L_p의 지표는 $\mathrm{ind}(L_p)_q$는 아크(arc) (p, q) 내에 있는 (M, q)의 초점 합이다. 그러나 p와 q를 잇는 직선상에 많아야 $2n$개의 초점이 있으며, q을 중심으로 대칭으로 분포되어 있다.

따라서 p과 q 사이 선분에 많아야 n개 초점이 있다.

그러므로 L_p의 q에서 지표는 $\leq n$이며 M은 $\leq n$차수 인 CW-복체의 호모토피 타입을 갖는다. ■

렆셔츠 초곡면섹션정리(Lefschetz hyperplane section theorem) **6.3.2**

M을 $\mathbb{CP}^N$의 n-차원 복소부분다양체라 하자.

H를 $\mathbb{CP}^N$의 $(N-1)$-차원 초곡면섹션 부분다양체라 하자.

포함맵 $i : M \cap H \to M$에 대하여

$$i_* : H_k(M \cap H\,;\mathbb{Z}) \to H_k(M\,;\mathbb{Z})$$

은 $k < n-1$이면 동형(isomorphism)이고, $k = n-1$이면 전사 (surjective)이다.

증명

쌍 $(M,\ M \cap H)$에 대한 **호몰로지긴완전열**(homology long exact sequence)는

$$\to H_{k+1}(M,\ M \cap H) \to H_k(M \cap H) \to H_k(M)$$
$$\to H_k(M,\ H \cap H) \to \cdots$$

이다. 따라서 $H_K(M,\ M \cap H) = 0,\ k \leq n-1$임을 보이면 된다.

그런데 **렆셔츠듀알정리**(Lefschetz dual theorem)에 의하여

$$H_k(M,\ M \cap H) \cong H^{2n-k}(M-(M \cap H))$$

는 동형이다.

한편 $\mathbb{CP}^N - H \simeq \mathbb{C}^N$이고 $M-(M \cap H) \subset \mathbb{CP}^N - H$은 복소폐부분 집합이다.

보조정리8.3.1의 (1)에 의하여 $M-(M \cap H)$는 실 n-차원 CW-복체 (CW-complex)의 호모토피 타입이다.

따라서 $2n-k>n$이면, 즉 $k<n$이면

$H_k(M,\ M\cap H)\cong H^{2n-k}(M-(M\cap H))=0$이다. ■

M을 n-차원 콤팩트 호지다양체라 하자.

고다이라 매장정리에 의하여 큰 정수 N이 존재하여 매장 $M\subset\mathbb{CP}^N$이 된다. $(N-1)$-차원 초곡면복소부분다양체와 초곡면섹션번들 $H\to\mathbb{CP}^N$은 일대일대응이 되므로 동일시하자.

H는 양의 홀로몰픽 라인번들이며 제한천류 $c_1(H|_M)=l=[\Omega]\in H^2(M,\mathbb{Z})$라고 하자. 여기서 Ω는 호지폼이다.

렆셔츠몰피즘 $l\cup:H^k(M,\mathbb{Q})\to H^{k+2}$으로부터 유도된 맵

$$l^{n-k}\cup:\ H^k(M;\mathbb{Q})\to H^{2n-k}(M;\mathbb{Q})$$

은 동형몰피즘이며, 이는 $M\times M$에서

$$[\,l^{n-k}\cup\,]\in H^{4n-2k}(M\times M;\mathbb{Q})_{\mathrm{alg}}$$

대수적사이클(algebraic cycle)임을 증명했다.

동형몰피즘 $l^{n-k}\cup:\ H^k(M;\mathbb{Q})\to H^{2n-k}(M;\mathbb{Q})$의 역맵

$$l_{n-k}:\ H^{2n-k}(M;\mathbb{Q})\to H^k(M;\mathbb{Q})$$

도 호지구조를 유지하는 동형몰피즘이다.

따라서 코호몰로지류 $[\,l_{n-k}\,]\in \mathrm{Hdg}^{2k}(M\times M)$는 호지류이다.

렆셔츠표준추측 1 (Lefschetz Standard Conjecture 1) **8.3.3**

호지류 $[\,l_{n-k}\,]$ ***는 적공간에서 대수적싸이클일 것이다.***

즉, $[\,l_{n-k}\,]\in H^{2k}(M\times M;\mathbb{Q})_{\mathrm{alg}}$ ***일 것이다.*** ■

다른 형태로 렆셔츠추측을 생각해보자.
사영복소공간 $\mathbb{CP}^N$의 초곡면을 H라 하고, n-차원 호지다양체 M이 $\mathbb{CP}^N$에 매장돼있다고 하자.
일반 교차다양체(generic intersection manifold) $W = M \cap H$는 호몰로지류 $[W] \in H_{2n-2}(M)$이고 포앙카레듀알은 코호몰로지류 $l \in H^2(M)$이며 양의 홀로몰픽 라인번들 $L \to M$의 천류는 $c_1(L) = l$이며, 일반섹션 $s : M \to L$의 제로집합 $s^{-1}(0) = W$이다.

정수 $k \le n = \dim_{\mathbb{C}} M$에 대하여 렆셔츠연산자는

$$\begin{array}{ccc} l\cup :\ H^k(M) & \longrightarrow & H^{k+2}(M) \\ \simeq \big\downarrow PD & & \simeq \big\uparrow PD^{-1} \\ H_{2n-k}(M) & \xrightarrow{\cap W} & H_{2n-k-2}(M) \end{array}$$

각 원소 $\alpha \in H^k(M)$에 대하여

$$l \cup \alpha := PD^{-1}((PD\alpha) \cap W)$$

로 정의된다. 여기서 PD는 포앙카레듀알맵이다.
$(n-k)$번 반복하면 렆셔츠정리에 의하여

$$l^{n-k} \cup :\ H^k(M) \to H^{2n-k}(M)$$

는 호지구조를 유지하는 동형몰피즘이다.

렆셔츠표준추측 2 (Lefschetz standard conjecture 2) **8.3.4**
다음과 같이 정의된 렆셔츠 연산자 λ_1과 λ_2에 대하여,

$$\lambda_1 = \left(l^{n-k+2}\right)^{-1} \circ l \circ \left(l^{n-k}\right) : \begin{array}{ccc} H^k(M) & \longrightarrow & H^{k-2}(M) \\ \simeq\downarrow l^{n-k} & & \simeq\uparrow (l^{n-k+2}) \\ H^{2n-k}(M) & \xrightarrow{\ l\ } & H^{2n-k+2}(M), \end{array}$$

$$\lambda_2 = \left(l^{n-k}\right) \circ l \circ \left(l^{n-k+2}\right)^{-1} : \begin{array}{ccc} H^{2n-k+2}(M) & \longrightarrow & H^{2n-k}(M) \\ \simeq\downarrow (l^{n-k+2})^{-1} & & \simeq\uparrow l^{n-k} \\ H^{k-2}(M) & \xrightarrow{\ l\ } & H^k(M) \end{array}$$

이면, "*λ_1과 λ_2가 $M\times M$의 대수적 싸이클일 것이다*"가 **렆셔츠표준추측** (Lefschetz standard conjecture)이다.

일반적인 렆셔츠추측은 해결되지 않았지만 아벨벌라이어티에서는 진(true)이다.

정리 8.3.5

n-차원 아벨벌라이어티 M상에서 렆셔츠추측은 진이다.

증명

$L \to M$을 양의 홀로몰픽 라인번들이며 $c_1(L) = l$이라 하자.

합맵(sum map) $s : M\times M \to M$, $s(x, y) = x + y$에 의한 당김(pullback)을 $\overline{L} = s^*(L) \to M\times M$라 하고, 천류 $c_1(\overline{L}) := \overline{\ell}$ 라 하자.

천류는 $\overline{\ell} \in \mathrm{Hdg}^2(M\times M)$이고 $\overline{\ell^k} \in \mathrm{Hdg}^{2k}(\mathrm{M}\times\mathrm{M})$는 호지류이다.

라인번들 $\overline{L} \to M\times M$의 일반홀로몰픽 섹션(generic holomorphic section) $\overline{\sigma_1}, \cdots, \overline{\sigma_k}$를 택하고 그의 공통wpfh(common zero)를

$\overline{Z} := \bigcap_{i=1}^{k} \overline{\sigma_i}^{-1}(0)$이라 두자. 렐롱정리(Lelong theorem)에 의하여 코호몰로지류 $[\overline{Z}] = \overline{\ell}^{\,k} \in H^{2k}(M \times M, \mathbb{Q})_{\text{alg}}$는 대수적싸이클이다.

더욱이 $H^{2k}(M \times M; \mathbb{Q}) \supset H^k(M; \mathbb{Q}) \otimes H^k(M; \mathbb{Q})$

$$= H^{2n-k}(M; \mathbb{Q})^* \otimes H^k(M; \mathbb{Q})$$
$$= \mathrm{Hom}\big(H^{2n-k}(M; \mathbb{Q}),\ H^k(M; \mathbb{Q})\big)$$

이므로, 몰피즘은

$$[\overline{Z}]^* : H^{2n-k}(M; \mathbb{Q}) \to H^k(M; \mathbb{Q})$$

이고, $[\overline{Z}]^* = l_{n-k}$이다. ■

참고문헌(8)와 (9)에서 렆셔츠추측을 연구하였다.

부록 Appendix

부록 A 헐미션외대수 상의 리대수 $sl(2,\mathbb{C})$ 표현(Representation)

코호몰로지의 렆셔츠분해(Lefschetz decomposition)하기 위해서 리군(Lie group) $SL(2,\mathbb{C})$의 리대수(Lie algebra) $sl(2,\mathbb{C})$의 표현(representation)이 필요하다.

A1. 리대수 $sl(2,\mathbb{C})$의 표현(Representation)

정의 A1.1

(1) **리군**(Lie group) G는 미분다양체이며 군(group)이고 군의 연산 $G\times G\to G$, $(g,h)\mapsto gh^{-1}$이 스므스하다.

(2) **리대수**(Lie algebra) $\mathscr{G}$는 실벡타공간이며 리괄호(Lie bracket)라 부르는 겹선형맵

$$[\ ,\ ]:\mathscr{G}\times\mathscr{G}\to\mathscr{G}$$

이 존재하여, 각 원소 $X,\ Y,\ Z\in\mathscr{G}$에 대하여

(i) $[X,\ Y]=-[Y,\ X]$,

(ii) $[X,[Y,Z]]+[Y,[Z,X]]+[Z,[X,Y]]=0$

을 만족한다.

(3) V를 n차원 벡타공간이라 하자.

리대수 $\mathscr{G}$의 V상의 **표현**(representation)은 **대수준동형**(algebra homomorphism)

$$\alpha : \mathscr{G} \to \mathrm{End}(V)$$

이다. 여기서 $\mathrm{End}(V) := \{h: V \to V$는 복소준동형$\}$이다.

(i) 표현 α가 **비축소**(irreducible)란 V의 진부분공간 V_0, "$0 \neq V_0 \neq V$, $\alpha(X)V_0 \subset V_0$, $X \in \mathscr{G}$을 만족하는 V_0"가 존재하지 않음이다.

(ii) α_1을 V_1상의 $\mathscr{G}$ 표현, α_2을 V_2상의 $\mathscr{G}$ 표현일 때 $\alpha = \alpha_1 \oplus \alpha_2$을 $V_1 \oplus V_2$ 상의 $\mathscr{G}$ **직합표현**(direct sum representation)으로 정의한다.

(iii) 표현 α_1과 α_2가 **동치**(equivalent)란 동형 $h: V_1 \to V_2$이 존재하여 $h \circ \alpha_1 = \alpha_2 \circ h$를 의미한다.

(iv) 표현 α가 **완전분해**(completely reducible)란 α가 비축소표현 α_i의 직합 $\oplus \alpha_i$과 동치일 때를 의미한다.

(4) 리군 G의 복소벡타공간 V상의 **표현**(representation)은 실해석학적 **군준동형**(group homomorphism) $\rho: G \to GL(V)$을 의미한다.
리군의 표현에서도 비축소, 동치, 완전분해의 정의는 리대수에서와 같다.

예제 A1.2

(1) $SL(2, \mathbb{C}) := \{A \mid A : 2 \times 2-$복소행렬, $\det(A) = 1\}$은 복소 3차원 리군이고, $SL(2, \mathbb{C}) \simeq S^3 \times \mathbb{R}^3$이며, 그의 리대수 $sl(2, \mathbb{C}) := \{X \mid X: 2 \times 2-$복소행렬, $\mathrm{tr}(X) = 0\}$은 복소 3-차원 공간이다.

(2) $SU(2) := \{A \mid A: 2 \times 2$ 복소행렬, $A^t\overline{A} = I$, $\det(A) = 1\}$은 실 3차원 리군이고, $SU(2) \simeq S^3$, 그의 리대수 $su(2, \mathbb{C})$

$:= \{X \mid X: 2\times 2-$복소행렬 $X+{}^t\overline{X}=0,\ \mathrm{tr}(X)=0\}$은 실 3-차원 공간이며, $sl(2,\mathbb{C}) = su(2,\mathbb{C}) \bigotimes_{\mathbb{R}} \mathbb{C}$이다.

(A1.3) 리군 G의 항등원 $1\in G$에서 탄젠트공간 $T_1G=\mathscr{G}$은 리대수 $\mathscr{G}$와 같고 **지수맵**(exponential map)

$$\exp: \mathscr{G} \to G$$

은 $\exp(X)$는 1을 지나고 기울기가 X인 측지선(geodesic) $r(t)$의 $\exp(X) := r(1)$로 정의한다.

지수맵

$$\exp: sl(2,\mathbb{C}) \to SL(2,\mathbb{C})$$

은 $\exp(X) := e^X = \sum_{n=0}^{\infty} \frac{X^n}{n!}$로 정의된다.

리대수와 리군 사이 관계는, 각 $t\in\mathbb{C}$에 대하여

(i) $e^{tX} = 1+tX+t^2\cdots,$

(ii) $e^{tX}e^{tY} = 1+t(X+Y)+t^2\cdots,$

(iii) $e^{tX}e^{tY}e^{-tX}e^{-tY} = 1+t^2[X,Y]+t^3\cdots$

이다.

실제로 단순연결(simply connected) 리군은 그의 리대수에 의하여 결정된다.

아도정리(Ado theorem): 리대수와 단순연결 리군은 일대일대응 관계에 있다.

(A1.4) 다음의 다이어그램을 생각해보자.

$$\begin{array}{ccc} su(2) & \xrightarrow{j} & sl(2,\mathbb{C}) \\ \downarrow \exp & & \downarrow \exp \\ SU(2) & \xrightarrow{j} & SL(2,\mathbb{C}) \end{array}$$

여기서 j는 포함맵이다. 리대수는

$$sl(2,\mathbb{C}) = \mathbb{C}\left\langle X := \begin{pmatrix} 0 & 1 \\ 0 & 0 \end{pmatrix},\ Y := \begin{pmatrix} 0 & 0 \\ 1 & 1 \end{pmatrix},\ H := \begin{pmatrix} 1 & 0 \\ 0 & -1 \end{pmatrix} \right\rangle,$$

$$su(2) = \mathbb{R}\langle iH,\ X - Y,\ i(X+Y) \rangle$$

이고, $su(2) \bigotimes_{\mathbb{R}} \mathbb{C} \simeq sl(2,\mathbb{C})$이다.

지수맵 $\exp: su(2) \to SU(2)$에 대하여, $i(X+Y)$에 대한 측지선은 $\exp(ti(X+Y)) = \begin{bmatrix} \cos t, & i\sin t \\ i\sin t, & \cos t \end{bmatrix}$, $t \in \mathbb{R}$이다. 왜냐하면,

$\exp(ti(X+Y))\Big|_{t=0} = \begin{bmatrix} 1 & 0 \\ 0 & 1 \end{bmatrix}$이고

$$\frac{d}{dt}\Big|_{t=0} \exp[ti(X+Y)] = i(X+Y)$$

$$= i\begin{pmatrix} 0 & 1 \\ 1 & 0 \end{pmatrix} = \frac{d}{dt}\Big|_{t=0} \begin{pmatrix} \cos t, & i\sin t \\ i\sin t & \cos t \end{pmatrix}$$

이기 때문이다.

원소 $w := \exp\left(\frac{\pi}{2} i(X+Y)\right) = \begin{pmatrix} 0 & i \\ i & 0 \end{pmatrix} \in SL(2,\mathbb{C})$의 $sl(2,\mathbb{C})$상의 공액(conjugation)작용은 **대칭**(reflection)이다:

(i) $wHw^{-1} = -H$

(ii) $wXw^{-1} = Y$

(iii) $wYw^{-1} = X$

(A1.5) 복소벡타공간 V에 대하여, 다음 V에 대한 표현을 생각해 보자:

$$\begin{array}{ccc} [su(2) \to \mathrm{End}(V)]_{\mathbb{R}} & \xleftarrow{r_1} & [sl(2,\mathbb{C}) \to \mathrm{End}(V)]_{\mathbb{C}} \\ d\uparrow & & d\uparrow \\ [SU(2) \to SL(V)]_{\mathbb{R}} & \xleftarrow{r_2} & [SL(2,\mathbb{C}) \to GL(V)]_{\mathbb{C}} \end{array}$$

여기서 $[su(2) \to \mathrm{End}(V)]_{\mathbb{R}}$은 $\mathbb{R}$-선형 대수준동형집합,
$[sl(2,\mathbb{C}) \to \mathrm{End}(V)]_{\mathbb{C}}$는 $\mathbb{C}$-선형 대수준동형집합,
$[SU(2) \to GL(V)]_{\mathbb{R}}$은 $\mathbb{R}$-해석학 군준동형집합,
$[SL(2,\mathbb{C}) \to GL(V)]_{\mathbb{C}}$는 복소해석학 군준동형집합이고
r_1과 r_2는 제한(restriction)이며, d는 미분맵이다.
또한 리군의 표현의 미분은 리대수의 표현임을 상기하자.

정리 A1.6

위 다이어그램에서 r_1, r_2 그리고 d는 전단사(bijection)이다. 즉 $su(2)$, $SU(2)$, $sl(2,\mathbb{C})$, $SL(2,\mathbb{C})$표현은 일대일대응 관계이다.

증명

(i) $sl(2,\mathbb{C}) = su(2) \bigotimes_{\mathbb{R}} \mathbb{C}$은 $su(2)$의 복소화이며, $su(2)$상의 $\mathbb{R}$-선형 준동형은 $sl(2)$상의 $\mathbb{C}$-선형준동형으로 유일하게 확장되므로 r_1은 전단사이다.

(ii) 리군 $SL(2,\mathbb{C}) \simeq S^3 \times \mathbb{R}^3$, $SU(2) \simeq S^3$은 위상동형이므로 단순연결(simply connected)이다.

따라서 $\exp: \mathscr{G} \to G$의 역맵 $\log: G \to \mathscr{G}$가 잘 정의된다.

만일 표현 $\rho: sl(2,\mathbb{C}) \to \mathrm{End}(V)$가 주어지고,

$g = \exp(X) \in SL(2,\mathbb{C})$이면 표현 $\alpha: SL(2,\mathbb{C}) \to GL(V)$는

$\alpha(g) = \alpha(\exp X) = \exp(\rho X)$가 된다. 따라서 $d\alpha = \rho$가 되며, d는 전단사가 된다.

또한 (A1.5) 다이어그램이 교환이므로 r_2 역시 전단사이다. ■

다시 말하면 리군 $SU(2)$가 단순연결이므로, $sl(2,\mathbb{C})$의 표현과 $SU(2)$의 표현은 일대일대응 관계에 있다.

바일정리(Weyl theorem) **A1.7**

G는 콤팩트 리군이고, V는 n-차원 복소벡타공간이라 하자.

표현 $\rho: G \to GL(V)$는 **완전분해**(completely reducible)이다. ■

위 정리 *"복소벡타공간에서 콤팩트 리군의 표현은 완전분해"*란 바일(H. Weyl) 정리는 표현론에서 중요한 기본정리이다. 이를 증명하기 위해서 콤팩트 리군의 좌불변척도(left invariant measure)와 유니타리 기술(unitary technic)을 사용한다. 증명은 참고문헌을 참고하자.

계 A1.8

유한차원 복소벡타공간 V상의 $sl(2,\mathbb{C})$표현은 완전분해이다.

증명

정리A1.6에 의하여 $sl(2,\mathbb{C})$, $su(2)$, $SU(2)$, $SL(2,\mathbb{C})$표현은 일대일대응 관계에 있다.

정리A1.7에 의하여 콤팩트 리군 $SU(2)$의 표현은 완전분해이다. 따라서 $sl(2,\mathbb{C})$표현은 완전분해이다. ■

계A1.8에 의하여 표현 $\rho : sl(2,\mathbb{C}) \to \mathrm{End}(V)$에서 V는 비축소 표현의 직합(direct sum)으로 표시된다.

비축소 표현을 알아보자.

정의 A1.9

ρ를 유한차원 복소벡타공간 V의 $sl(2,\mathbb{C})$표현이라 하자.

고유공간(eigen space) $V^{\lambda} := \{v \in V \mid \rho(H)v = \lambda v\}$

은 $\rho(H)$의 고유치 λ를 갖는 **고유벡타**(eigen vector)들의 공간이다.

(1) 원소 $v \in V^{\lambda}$를 **웨이트**(weight) λ를 갖는 고유벡타라 한다.

(2) $v \neq 0$, $v \in V^{\lambda}$, $\rho(X)v = 0$이면, v를 웨이트 λ의 **원초벡타**(primitive vector)라 한다.

정리 A1.10

$\rho : sl(2,\mathbb{C}) \to \mathrm{End}(V)$를 유한차원 복소벡타공간 V의 표현이라 하자.

(1) $V = \bigoplus_{\lambda \in \mathbb{C}} V^{\lambda}$는 직합(direct sum)이다.

(2) 만일 $v \in V^{\lambda}$이면 $\rho(X)v \in V^{\lambda+2}$이고 $\rho(Y)v \in V^{\lambda-2}$이다.

증명

(1)은 계A1.8에 의하여 표현 ρ는 고유공간 V^{λ}을 결정하고, 이는 비분리이며 $V = \bigoplus_{\lambda \in \mathbb{C}} V^{\lambda}$는 직합이다.

(2) $v \in V^{\lambda}$이면 $\rho(H)v = \lambda v$이다. 계산하면

$$\begin{aligned} \rho(H)(\rho(X)v) &= [\rho(H)\rho(X) - \rho(X)\rho(H)]v + \rho(X)\rho(H)v \\ &= (\rho([H, X]))v + \lambda\rho(X)v = \rho(2X)v + \lambda\rho(X)v \\ &= (\lambda + 2)\rho(X)v \text{ 이다.} \end{aligned}$$

같은 방법으로 $\rho(H)\rho(Y)v = (\lambda - 2)\rho(Y)v$이다. ■

주의

(A1.4)에서 $sl(2, \mathbb{C}) = \mathbb{C}\langle X, Y, H\rangle$이며,

$[X, Y] = H$, $[H, X] = 2X$, $[H, Y] = -2Y$이다.

왜냐하면

$$\begin{aligned} [H, X] &= HX - XH \\ &= \begin{pmatrix} 1 & 0 \\ 0 & -1 \end{pmatrix}\begin{pmatrix} 0 & 1 \\ 0 & 0 \end{pmatrix} - \begin{pmatrix} 0 & 1 \\ 0 & 0 \end{pmatrix}\begin{pmatrix} 1 & 0 \\ 0 & -1 \end{pmatrix} \\ &= \begin{pmatrix} 0 & 2 \\ 0 & 0 \end{pmatrix} = 2\begin{pmatrix} 0 & 1 \\ 0 & 0 \end{pmatrix} = 2X \end{aligned}$$

이기 때문이다.

정리 A1.11

$sl(2, \mathbb{C})$의 유한차원 복소벡타공간 V상의 표현 ρ은 적어도 하나의 원초벡타를 갖는다.

증명

$v_0 \in V$를 $\rho(H)$의 고유벡타라 하자.

$\rho(H)$의 고유벡터의 수열은 정리A1.10에 의하여

$$v_0,\ \rho(X)v_0,\ \rho(X)^2 v_0,\ \cdots,\ \rho(X)^n v_0,\ \cdots$$

이며 모든 원소가 0이 아니면, 서로 독립인 벡타가 되어 유한차원 복소벡타공간 V에 모순이 된다.

따라서 k가 존재하여 $\rho(X)^{k-1}v_0 \neq 0$, $\rho(X)^k v_0 = 0$가 된다.

그러므로 $v = \rho(X)^{k-1}v_0$는 원초벡타(primitive vector)이다. ■

정리 A1.12

V를 유한차원 복소벡타공간이라 하고,

$$\rho : sl(2\,;\mathbb{C}) \to \mathrm{End}(V)$$

를 비축소 표현이라 하자.

$v_0 \in V$가 ρ의 웨이트 λ인 원초벡타라 하고,

$v_n = \dfrac{1}{n!}\rho(Y)^n v_0$, $n = 0, 1, 2, \cdots$, $v_{-1} = 0$이라 하면,

(1) $\rho(H)v_n = (\lambda - 2n)v_n$,

(2) $\rho(Y)v_n = (n+1)v_{n+1}$,

(3) $\rho(X)v_n = (\lambda - n + 1)v_{n-1}$,

(4) 만일 $\dim_{\mathbb{C}} V = m+1$이면, $\lambda = m$이고, $\rho(Y^n)v_0 = 0$, $n > m$ 이다.

증명

(1)과 (2)는 정리A1.10과 귀납법에 의하여 명백하다.

(3)을 귀납법에 의하여 증명하자.

$n=0$일 때 $\rho(X)v_0=0=(\lambda+1)v_{-1}$이므로 만족한다.

$n-1$일 때 $\rho(X)v_{n-1}=(\lambda-n+2)v_{n-2}$라고 가정하자.

$$\begin{aligned} n\rho(X)v_n = \rho(X)\cdot nv_n &\overset{(2)}{=} \rho(X)\rho(Y)v_{n-1} \\ &= \rho(Y)\rho(X)v_{n-1}+\rho([X,Y])v_{n-1} \\ &= (\lambda-n+2)\rho(Y)v_{n-2}+\rho(H)v_{n-1} \\ &= (\lambda-n+2)(n-1)v_{n-1}+(\lambda-2n+2)v_{n-1} \\ &= n(\lambda-n+1)v_{n-1} \end{aligned}$$

이므로 $\rho(X)v_n=(\lambda-n+1)v_{n-1}$이다.

(4) $\dim_{\mathbb{C}} V=m+1$이므로

$v_0, \cdots, v_m$은 0이 아니고 $v_{m+1}=\cdots=0$이다.

(3)에 의하여 $0=\rho(X)v_{m+1}=(\lambda-(m+1)+1)v_m$
$=(\lambda-m)v_m$

이므로 $\lambda=m$이다.

$v=\sum_{n=0}^{m} a_n v_n,\ a_n\in\mathbb{C}$라 하자. 그러면

$$\rho(H)v=\sum_{n=0}^{m} a_n(m-2n)v_n,$$

$$\rho(Y)v=\sum_{n=0}^{m} a_n(n+1)v_{n+1},$$

$$\rho(X)v=\sum_{n=0}^{m} a_n(m-n+1)v_{n-1}$$

이므로 $\rho(sl(2,\mathbb{C}))(v)\in\mathbb{C}\langle v_0, v_1, \cdots, v_m\rangle\subset V$이고, ρ가 비축소 표현이므로 $V=\mathbb{C}\langle v_0, v_1, \cdots, v_m\rangle$이다. ■

주의

정리A1.12에서 표현은

$$\rho : sl(2,\mathbb{C}) = \mathbb{C}\langle H,\ X,\ Y\rangle \to \mathrm{End}\big(\mathbb{C}^{m+1} = \mathbb{C}\langle v_0, \cdots, v_m\rangle\big)$$

의 **표준폼**(canonical form)은

$$\rho(H) = \begin{bmatrix} m & 0 & \cdots & 0 \\ 0 & m-2 & \cdots & 0 \\ \vdots & & & \vdots \\ \vdots & & & 0 \\ 0 & \cdots & 0 & -m \end{bmatrix} \quad : \mathbb{C}^{m+1} \to \mathbb{C}^{m+1}$$

$$\rho(Y) = \begin{bmatrix} 0 & 0 & \cdots & \cdots & 0 \\ 1 & 0 & \cdots & \cdots & 0 \\ 0 & & & & \vdots \\ \vdots & & & & \vdots \\ 0 & 0 & m-1 & 0 & 0 \\ 0 & \cdots & 0 & m & 0 \end{bmatrix} \quad : \mathbb{C}^{m+1} \to \mathbb{C}^{m+1}$$

$$\rho(X) = \begin{bmatrix} 0 & m & 0 & \cdots & 0 \\ 0 & 0 & m-1 & & \vdots \\ \vdots & & & & 0 \\ \vdots & & & 0 & 1 \\ 0 & \cdots & \cdots & 0 & 0 \end{bmatrix} \quad : \mathbb{C}^{m+1} \to \mathbb{C}^{m+1}$$

$(m+1)\times(m+1)$-행렬로 표시된다.

정리 A1.13

V를 $m+1$차원 복소벡타 공간이라 하고 $\{v_0, \cdots, v_m\}$을 V의 기저라 하자.

V상에 $sl(2,\mathbb{C})$의 표현 ρ를 다음과 같이 정의하자.

(1) $\rho(H)v_n = (m-2n)v_n$,

(2) $\rho(Y)v_n = (n+1)v_{n+1}$,

(3) $\rho(X)v_n = (m-n+1)v_{n-1}$.

여기서 $n=0, \cdots, m$, $v_{-1}=v_{m+1}=0$이다.

그러면 ρ는 비축소(irreducible)이며, V상의 다른 비축소 표현 ρ'는 ρ과 동치(equivalent)이다.

증명

(1)~(3)에 의하여 ρ는 비축소 표현이다.

정리A1.12에 의하여 임의의 비축소 표현은 ρ와 동치이다. ■

정리 A1.14

$\rho : sl(2, \mathbb{C}) \to \mathrm{End}(V)$를 $m+1$-차원 복소벡타공간 V의 비축소 표현이라 하자. 만일 $w \in V$가 웨이트 λ인 $\rho(H)$의 고유벡타이면, 웨이트 $\lambda+2r$인 원초벡타 w_0가 존재하여

$$w=\rho(Y)^r w_0, \ w_0=\frac{(m-r)!}{m!\,r!}\rho(X)^2 w$$

이다.

증명

정리A1.13에서와 같은 V의 기저 $\{v_0, \cdots, v_m\}$을 택하자. 그러면 $0 \le r \le m$에 대하여

$$\rho(X)v_r=(m-r+1)v_{r-1},$$

$$\rho(X)^2 v_r=(m-r+1)m-r+2)v_{n-2}$$

$$\vdots$$

$$\begin{aligned}\rho(X)^r v_r &= (m-r+1)\cdots(m)v_0 \\ &= \frac{m!}{(m-r)!}v_0\,.\end{aligned}$$

여기에 $\rho(Y)$를 계속 작용하면

$$\rho(Y)\rho(X)^r v_r = \frac{m! \cdot 1}{(m-r)!} v_1,$$

$$\rho(Y)^2 \cdot \rho(X)^r v_r = \frac{m!\, 2!}{(m-r)!} v_2,$$

$$\vdots$$

$$\rho(Y)^r \rho(X)^r v_r = \frac{m!\, r!}{(m-r)!} v_r$$

이므로

$$(*) \quad v_r = \frac{(m-r)!}{m!\, r!} \rho(Y)^r \rho(X)^r v_r$$

이 된다.

가정에서 w는 $\rho(H)$의 웨이트 λ의 고유벡타이므로 $w = \alpha v_r$이라 하자. (*)에 의하여

$$w = \frac{(m-r)!}{m!\, r!} \rho(Y)^r \rho(X)^r w$$

가 된다. 구하는 벡타를

$$w_0 := \frac{(m-r)!}{m!\, r!} \rho(X)^r w$$

로 두자. 그러면

$$\rho(Y)^r w_0 = \frac{(m-r)!}{m!\, r!} \rho(Y)^r \rho(X)^r w = w$$

이고, 웨이트$\left(\rho(Y)^r w_0\right) =$ 웨이트(w)이므로 w_0의 웨이트는 $\lambda + 2r$이며,

$$\rho(X)w_0 = \rho(X)\left(\frac{(m-r)!}{m!\,r!}\rho(X)^r w\right) = \rho(X)\left(\frac{(m-r)!}{m!\,r!}\rho(X)^r \alpha v_r\right)$$

$$= \frac{(m-r)!}{m!\,r!}\alpha \cdot \rho(X)\rho(X)^r v_r = \frac{(m-r)!}{m!\,r!}\alpha \cdot \frac{m!}{(m-r)!}\rho(X)v_0$$

$$= \frac{1}{r!}\alpha \cdot (m+1)v_{-1} = 0$$

이므로, w_0는 원초벡타이다. ■

A2. 헐미션외대수(Hermitian Exterior Algebra) 상의 표현

E을 n-차원 헐미션벡타공간이라 하자.

E의 기저를 $\{z_1, \cdots, z_n\}$이라 하고, 헐미션내적

$$h := \sum_{\mu,\nu} h_{\mu\nu} z_\mu \otimes \overline{z_\nu} = \langle\ ,\ \rangle : \mathrm{E} \times \mathrm{E} \to \mathbb{C},$$

$$F := E_{\mathbb{R}}^* \bigotimes_{\mathbb{R}} \mathbb{C},\ F = \Lambda^1 F = \Lambda^{1,0} F \oplus \Lambda^{0,1} F,$$

$$\Lambda^{\bullet} F := \bigoplus_{k=0}^{2n} \Lambda^p F,\ \Lambda^k F = \bigoplus_{p+q=k} \Lambda^{p,q} F$$

라 하자. 여기서 $E_{\mathbb{R}}^*$는 E의 실벡타공간의 듀알(dual) 공간이다.

따라서 $E_{\mathbb{R}}$은 $2n$-차원 실벡타공간이고, F는 $2n$-차원 복소벡타공간이며, ΛF는 외대수벡타공간이다.

이때 기본 2-폼(fundamental 2-form)은

$$\Omega := \frac{i}{2} \sum_{\mu,\nu} h_{\mu\nu}\, z_\mu \wedge \overline{z_\nu}$$

이다.

정의 A2.1

연산자 L과 L^*를 다음과 같이 정의한다.

(1) $L: \Lambda^p F \to \Lambda^{p+2} F$, $L(v) := \Omega \wedge v$.

(2) $L^*: \Lambda^p F \to \Lambda^{p-2} F$, $2 \le p \le 2n$

$L^* := w * L *$, $w = \sum (-1)^p \pi_p$

여기서 헐미션 내적은 $u \wedge * \bar{v} = \langle u, v \rangle \mathrm{vol}$, $\mathrm{vol} = \dfrac{1}{n!}\Omega^n$이다.

(3) $B = \sum_{p=0}^{2n} (n-p)\pi_p$, $\pi_p: \Lambda^{\bullet} F \to \Lambda^p F$ 사영맵.

(4) 표현 $\alpha: sl(2, \mathbb{C}) \to \mathrm{End}(\Lambda F)$,

$$\alpha(X) = L^*, \ \alpha(Y) = L, \ \alpha(H) = B$$

로 정의하자.

(5) p-폼 $\rho \in \Lambda^p F$이 **원초**(primitive)란 $L^* \rho = 0$로 정의한다.

(A2.2) 만일 $\rho \in \Lambda^p F$이면 $\alpha(H)\rho = B\rho = (n-p)\rho$이므로 ρ는 고유벡타이며 웨이트 $(n-p)$이다.

만일 ρ가 원초 p-폼이면, ρ는 표현 α의 웨이트 $n-p$인 원초벡타이다. 만일 ρ가 원초 p-폼이면

$$\begin{aligned} F_\rho &= \mathbb{R}\left\langle \alpha(H)^{n_1}\rho, \ \alpha(X)^{n_2}\rho, \ \alpha(Y)^{n_3}\rho \mid n_1, n_2, n_3: \ge 0 \text{ 정수} \right\rangle \\ &= \mathbb{R}\langle \alpha(Y)^n \rho \mid n: \text{정수} \rangle \\ &= \mathbb{R}\langle \rho, \rho \wedge \Omega, \cdots, \rho \wedge \Omega^{n-p} \rangle \end{aligned}$$

는 F의 $(n-p+1)$-차원 α-비축소 부분공간이다.

연산자 L, L^*, B는 실연산자이므로 실폼(real form) $\Lambda_{\mathbb{R}}^{\bullet} F$는 이 연산자에 의하면 불변공간(invariant space)이다.

$\Lambda_{\mathbb{R}}^{\bullet} F$의 비축소(irreducible) 부분공간들의 분리를 **렆셔츠분리**(Lefschetz decomposition)이라 한다.

정리A1.6에 의하여 $sl(2,\mathbb{C})$, $SL(2,\mathbb{C})$, $su(2)$, $SU(2)$ 표현 사이는 일대일대응 관계에 있다.

$\Lambda^{\bullet} F$상의 표현 α에 대응된 $SL(2,\mathbb{C})$의 표현을 π_{α}라 하고 $\pi_{\alpha}|_{SU(2)}$을 $SU(2)$에 제한이라 하자. α의 제한 $\alpha|_{su(2)}$는

$$\alpha(iH) = iB,\ \alpha(i(X+Y)) = i(L^{*}+L),\ \alpha(X-Y) = L^{*}-L$$

이다. 앞으로 $(a)^{+} := \max\{a, o\}$라 하자.

정리 A2.3

E를 n-차원 헐미션 벡타공간이라 하자.

(1) 만일 $\rho \in \Lambda^{p} F$가 원초 p-폼이면, $L^{q}\rho = 0$, $q \geq (n-p+1)^{+}$.

(2) $p > n$이면 원초 p-폼은 없다.

증명

(1) ρ가 원초 p-폼이고, $F_{\rho} \subset \Lambda^{\bullet} F$를 표현 α의 $sl(2,\mathbb{C})$작용에 의해서 생성된 부분공간이라 하자.

그러면 $\alpha(h)\rho = m\rho$, $\dim F_{\rho} = m+1$이다.

여기서 $\alpha(H)\rho = (n-p)\rho$이므로 $m = n-p$이다.

따라서 $\alpha(Y)^{q}\rho = L^{q}\rho$, $q \geq (n-p+1)^{+}$이다.

(2) $p > n$이면 $n-p+1 < 1$이다.

$\dim F_{\rho} = n-p+1 \leq 0$이므로 (2)을 만족한다. ■

렆셔츠분리정리(Lefschetz decomposition theorem) **A2.3**

E을 복소 n-차원 헐미션 벡타공간이고, $\rho \in \Lambda^p F$라 하자.

(1) $\rho = \sum_{r \geq (p-n)^+} L^r \rho_r$

로 유일하게 표현된다. 여기서 ρ_r은 원초 $(p-2r)$-폼이며,

$$\rho_r = \sum_s a_{r,s} L^s L^{*r+s} \rho, \ a_{r,s} \in \mathbb{Q}$$

이다.

(2) 만일 $L^m \rho = 0$, $r \geq (p-n+m)^+$이면 $\rho_r = 0$이다.

즉, $\rho = \sum_{r=(o-n)^+}^{(p-n+m)^+} L^r \rho_r$.

(3) 만일 $p \leq n$, $L^{n-p}\rho = 0$이면 $\rho = 0$이다.

증명

(1) $V := \Lambda^\bullet F$라 하고, 표현 α에 의해서 $V = V_1 \oplus \cdots \oplus V_l$을 비축소 부분공간의 직합이라 하자.

p-폼 $\rho = \phi_1 + \cdots + \phi_l$, $\phi_j \in V_j$라 하자.

ϕ_j는 웨이트 $n-p$인 $\alpha(H)$의 고유벡타이다.

정리A1.14에 의하여 원초 $(p-2r_j)$-폼 ψ_j가 존재하여, 즉

$\psi_j = c_j L^{*r_j} \phi_j$, $c_j \in \mathbb{Q}$, $\phi_j = L^{r_j} \phi_j$이 된다.

같은 차원의 원초폼을 모아서 정리하면

$$\phi = \sum_{r \geq (n-p)^+} L^r \rho_r$$

이 된다. 여기서 ρ_r은 $(p-2r)$ 원초폼이다.

유일성을 증명하자. 만일

$$(*) \qquad 0 = \rho_0 + L\rho_1 + \cdots + L^m \rho_m$$

ρ_j는 원초폼 $j = 0, \cdots, m$이면, 정리A1.12에 의하여

$$L^{*k} L^k \rho_k = c_k \rho_k, \ k = 1, \cdots, m, \ 0 \neq c_k \in \mathbb{Q}$$

이다. (*)에 L^{*m}을 작용하면

$$0 = L^{*m}\rho_0 + L^{*m-1}(L^* L)\rho_1 + \cdots$$
$$+ L^*(L^{*m-1}L^{m-1})\rho_{m-1} + L^{*m}L^m \rho_m$$

이므로 $\rho_m = 0$이다. 그러나 ρ_m은 원초폼이므로 $\rho_m \neq 0$이다. 이것은 모순이다. p-폼

$$\rho = \rho_0 + L\rho_1 + \cdots + L^m \rho_m$$

여기서, ρ_j는 원초 $(p-2j)$-폼이라 하자.

$$L^{*m}\rho = L^{*m}\rho_0 + L^{*m-1}(L^* L)\rho_1 + \cdots + L^{*m}L^* \rho_m$$
$$= 0 + 0 + \cdots + 0 + c_m \rho_m, \ 0 \neq c_m \in \mathbb{Q}$$

이므로 $\rho_m = \dfrac{1}{c_m} \cdot L^{*m}\rho$이다.

귀납법에 의하여 각 ρ_r, $r = 0, \cdots, m$은

$\rho_r = \sum_s a_{r,s} L^s L^{*r+s} \rho$, $a_{r,s} \in \mathbb{Q}$이다.

(2) 만일 $L^m \rho = 0$이면 $\sum_{r \geq (p-n)^+} L^{m+r} \rho_r = 0$이다.

ρ_r이 원초폼이므로, 정리A2.3에 의하여 $q \geq [n - (p-2r) + 1]^+$이면 $L^q \rho_r = 0$이다. 따라서

$$0 = \sum_{r \geq (p-n+m)^+} L^{r+m} \rho_r = \sum_{q \geq (p+2m-n)^+} L^q \rho_{q-m}.$$

각 항의 총 차(degree)는 $2m+p$이므로 0-폼의 $p+2m$차 원초분리(primitive decomposition)이다. 그러므로 $\rho_{q-m}=0$, $q \geq (p+2m-n)^+$이다. 즉, $\rho_r=0$, $r \geq (p-n+m)^+$이다.

(3) 만일 $p \leq n$, $L^{n-p}\rho=0$이면 $n-p \geq 0$, $L^{n-p}\rho=0$이다.

(2)에 의하여, $m=n-p$라 두면

$$\rho = \sum_{r=(p-n)^+}^{(p-n+m)^+} L^r \rho_r = \sum_{r=0}^{0} L^r \rho_r = 0.$$

계 A2.4

$\rho \in \Lambda^p F$를 p-폼이라 하자.

ρ가 원초일 필요충분조건은

(1) $p \leq n$이고,

(2) $L^{n-p+1}\rho=0$이다.

계 A2.5

렙셔츠분해정리(Lefschetz decomposition theorem)

M이 n-차원 호지다양체이고, $L=\Omega\wedge$ 라 하자.

여기서 Ω는 호지의 기본폼이다. 그러면

$$H^k(M,\mathbb{C}) = \sum_{2p \leq k} L^p H_0^{k-2p}(M,\mathbb{C}),$$

여기서

$$H_0^{k-2p}(M,\mathbb{C}) := \mathrm{Ker}[L^* : H^{k-2p}(M,\mathbb{C}) \to H^{k-2p-2}(M,\mathbb{C})]$$

는 **원초코호몰로지군**(primitive cohomology group)이다. ■

부록 B 복소구조(Complex Structures)

복소다양체, 켈러다양체, 호지다양체에서 복소구조와 메트릭 그리고 기본폼으로부터 여러가지 성질을 공부하였다. 모두가 다양체의 탄젠트번들과 코탄젠트번들에 관한 성질들이었다. 본문을 보완하기 위하여, 이 장에서는 그의 기초가 되는 복소구조와 관련 성질들을 소개하자.

B1. 메트릭(Metric), 복소구조(Complex Structure), 기본폼(Fundamental Form) 사이 관계

n-차원 **복소벡타공간** $\mathbb{C}^n$이 좌표계 $z=(z_1, \cdots, z_n)$, $z_j = x_j + iy_j$, x_j와 y_j는 실수, $j=1, \cdots, n$,에 대하여

헐미션내적은 $h : \mathbb{C}^n \times \mathbb{C}^n \to \mathbb{C}$, $h(z, w) = \sum_{j=1}^{n} z_j \cdot \overline{w_j}$이다.

$$h = \mathrm{Re}(h) + i\,\mathrm{Im}(h) := g + i(-2\Omega)$$

라 두면

$$g(z, w) = \sum_{i=1}^{n} (x_i \cdot x_i' + y_i \cdot y_i'),\ w_j = x_j' + iy_j',\ j = 1, \cdots, n,$$

$$\Omega(z, w) = \sum_{i=1}^{n} (x_i y_i' - y_j x_i')$$

되고 $Jz = (iz_1, \cdots, iz_n)$이다.

또한 $\mathbb{C}^n = \mathbb{R}^{2n}$라 두고, $(x_1, \cdots, x_n, y_1, \cdots, y_n)$을 $\mathbb{R}^{2n}$의 실좌표

계라 하고, $\mathbb{R}^{2n}$을 탄젠트공간과 동일시하자.

$\mathbb{R}^{2n}$상의 **복소구조** J를

$$J\left(\frac{\partial}{\partial x_i}\right)=\frac{\partial}{\partial y_i},\ J\left(\frac{\partial}{\partial y_i}\right)=-\frac{\partial}{\partial x_i},\ i=1,\cdots,n$$

로 정의하면

$$J(u)=\begin{pmatrix}0 & -Id\\ Id & 0\end{pmatrix}u,$$

$$\Omega(u,v)={}^t v\,J u,\ g(u,v)={}^t v u$$

이다.

여기서 $u,v\in\mathbb{R}^{2n}$이고 ${}^t v$는 v의 전치(transpose)이다.

이때 $\Omega(u,v)=g(Ju,v)$, $g(u,v)=\Omega(u,Jv)$이다.

또한 g와 Ω는 비퇴화(nondegenerate)이므로

$$\tilde{g}:\mathbb{R}^{2n}\to\mathbb{R}^{2n\,*},\ u\mapsto g(u,0)$$

$$\widetilde{\Omega}:\mathbb{R}^{2n}\to\mathbb{R}^{2n\,*\,\prime},\ u\mapsto\Omega(u,0)$$

는 선형동형이다.

정리 B1.1

n-차원 헐미션 벡타공간 $(\mathbb{C}^n,h)$로부터 유도된 유클리트벡타공간 $(\mathbb{R}^{2n},g,\Omega,J)$은 다음을 만족한다.

(1) $g(u,v)=\Omega(u,Jv),u,v\in\mathbb{R}^{2n}$,

(2) $\Omega(u,v)=g(Ju,v)$,

(3) $Ju=\tilde{g}^{-1}(\widetilde{\Omega}(u))$,

(4) $\Omega(Ju,Jv)=\Omega(u,v)$, $\Omega(u,Ju)>0$, $u\neq 0$,

(5) $g(Ju, Jv) = g(u, v)$. 여기서

(1)에서 g를 $\mathbb{R}^{2n}$상의 **유클리트 내적**(Euclid inner product),
(2)에서 Ω를 $\mathbb{R}^{2n}$상의 **기본 2-폼**(fundamental 2-form),
(3)에서 J를 $\mathbb{R}^{2n}$상의 **복소구조**(complex structure),
(4)에서 J를 Ω와 **양립**(compotible),
(5)에서 g를 J**불변**(invariant)이라 한다. ■

(B1.2) 짝수 차원 다양체는 $\mathbb{R}^{2n} = \mathbb{C}^n$의 개집합을 **위상동형**으로 동일시하면(identify) **위상다양체**, **미분동형**으로 동일시하면 **미분다양체**가 된다.

미분다양체는 각 점에서 탄젠트공간은 $\mathbb{R}^{2n}$과 같아 정리B1.1과 같은 $(\mathbb{R}^{2n}, g, w, J)$가 존재한다. 그러나 미분다양체의 점을 스므스(smooth)하게 움직이면 구조를 스므스하게 유지하는지는 또 다른 문제이다. 조건에 따라 다양체는

미분다양체	$\Leftarrow$	준복소다양체	$\Leftarrow$	심플렉틱다양체
$\Downarrow$		$\Uparrow$		$\Uparrow$
위상다양체		복소다양체	$\Leftarrow$	켈러다양체
				$\Uparrow$
				호지다양체

같은 진부분집합(proper subsets) 포함관계에 있다.

(B1.3) $(\mathbb{C}^n, h)$를 n-차원 헐미션복소벡타공간이라 하자.

$$h = \sum_{j=1}^{n} dz_j \otimes d\overline{z_j}$$

라 하자. $\mathbb{C}^n$을 탄젠트공간과 동일시하면, 헐미션메트릭은

$$\begin{aligned} h &= \sum_{j=1}^{n} dz_j \otimes d\overline{z_j} \\ &= \sum_{j=1}^{n} (dx_j \otimes dx_j + dy_j \otimes dy_j) + (-2)i \sum_{j=1}^{n} dx_j \wedge dy_j \end{aligned}$$

이므로

리만메트릭은 $g = \sum_{j=1}^{n} (dx_j \otimes dx_j + dy_j \otimes dy_j) = \Omega(\bullet\ ,\ J\bullet)$이고.

기본폼은 $\Omega = \sum_{j=1}^{n} dx_j \wedge dy_j = \dfrac{i}{2} \sum_{j=1}^{n} dz_j \wedge d\overline{z_j} = g(J\bullet\ ,\ \bullet)$이며,

$$\Omega^n = n!\, dx_1 \wedge dy_1 \wedge \cdots \wedge dx_n \wedge dy_n = n!\, \mathrm{vol} \neq 0$$

이다. 여기서 $\mathrm{vol} = dx_1 \wedge dy_1 \wedge \cdots \wedge dx_n \wedge dy_n$이다.
따라서 기본-2폼 Ω는 실 (1,1)타입 2폼이고, $d\Omega = 0$, 닫힌(closed)폼이다.

(B1.4) 공간 $\mathbb{R}^{2n} = \mathbb{C}^n$에서 리군을

$GL(2n, \mathbb{R}) = \{A \mid A : \mathbb{R}^{2n} \to \mathbb{R}^{2n} : \text{선형동형}\}$,

$GL(n, \mathbb{C}) = \{A \mid A : \mathbb{C}^n \to \mathbb{C}^n : \text{복소선형동형}\}$,

$Sp(2n) = \{A \in GL(2n, \mathbb{R}) \mid A^*\Omega = \Omega\}$,

$$GL(n,\mathbb{C}) \subset GL(2n,\mathbb{R}),\ A = X + iY \mapsto \begin{pmatrix} X & -Y \\ Y & X \end{pmatrix},$$

$$O(2n) = \{A \in GL(2n,\mathbb{R}) \mid A^tA = I\},$$

$$U(n) = \{A \in GL(n,\mathbb{C}) \mid A^t\overline{A} = I\}$$

라고 두면 아래와 같은 포함관계가 있다.

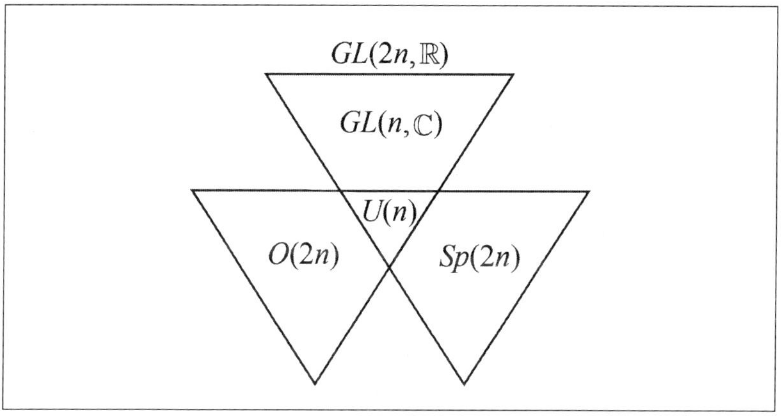

B2. 준복소다양체(Almost Complex Manifolds)

(M, J)를 준복소다양체라 하자.

복소화 탄젠트번들(complexified tangent bundle)

$$TM \otimes \mathbb{C} = \bigcup_{p \in M} (T_p M \otimes \mathbb{C}) \to M$$

라 두면, **준복소구조**(almost complex structure)는 각 점 p에서

$$J: T_p M \to T_p M, \ J^2 = -Id,$$

$$J: T_p M \otimes \mathbb{C} \to T_p M \otimes \mathbb{C}, \ J(v \otimes c) = Jv \otimes c$$

로 정의하면 $J^2 = -Id$이다. J의 고유치는 $\pm i$이다.

J의 i-**고유공간**을 $T_{1,0} := \{v \in TM \otimes \mathbb{C} \mid Jv = iv\}$

$= \{v \otimes 1 - Jv \otimes i \mid v \in TM\}$,

J의 $(-i)$-**고유공간**을 $T_{0,1} := \{v \in TM \otimes \mathbb{C} \mid Jv = -iv\}$

$= \{v \otimes 1 + Jv \otimes i \mid v \in TM\}$

라 두자.

보조정리 B2.1

(1) 맵 $P_{1,0} : TM \to T_{1,0}, \ v \mapsto \frac{1}{2}(v \otimes 1 - Jv \otimes i)$는 번들동형이고 $P_{1,0} J = i P_{1,0}$이다.

(2) 맵 $P_{0,1} : TM \to T_{0,1}, \ v \mapsto \frac{1}{2}(v \otimes 1 + Jv \otimes i)$은 번들동형이며 $P_{0,1} J = -i P_{0,1}$이다.

(3) $(TM, J) \simeq T_{1,0} \simeq \overline{T_{0,1}}$ 은 번들동형이다.

(4) $P_{1,0}$, $P_{0,1}$ 을 $TM \otimes \mathbb{C}$ 로 확장하면

$$P_{1,0} \times P_{0,1} : TM \otimes \mathbb{C} \to T_{1,0} \oplus T_{0,1}$$

은 번들동형이다. ■

같은 방법으로 코탄젠트번들에서

$$\begin{aligned} T^{1,0} &= \{\eta \in T^* M \otimes \mathbb{C} \mid \eta(Jv) = i\eta(\sigma),\ v \in TM\} \\ &= \{\xi \otimes 1 - (\xi \circ J) \otimes i \mid \xi \in T^* M\} \\ &= T^*_{1,0} \quad : \text{복소선형 코탄젠트번들}, \end{aligned}$$

$$\begin{aligned} T^{0,1} &= \{\eta \in T^* M \otimes \mathbb{C} \mid \eta(Jv) = -i\eta(\sigma),\ v \in TM\} \\ &= \{\xi \otimes 1 + (\xi \circ J) \otimes i \mid \xi \in T^* M\} \\ &= T^*_{0,1} : \text{켤레복소선형 코탄젠트번들}, \end{aligned}$$

$$P^{1,0} : T^* M \otimes \mathbb{C} \to T^{1,0}M,\ \eta \mapsto \eta^{1,0} := \frac{1}{2}(\eta - i\eta \circ J),$$

$$P^{0,1} : T^* M \otimes \mathbb{C} \to T^{0,1}M,\ \eta \mapsto \eta^{0,1} := \frac{1}{2}(\eta + i\eta \circ J),$$

로 정의하자.

보조정리 B2.2

복소화 코탄젠트번들은 번들동형

$$P^{1,0} \times P^{0,1} : T^* M \otimes \mathbb{C} \to T^{1,0}M \oplus T^{0,1}M$$

으로 분리된다. ■

준복소다양체 (M, J)에 대하여

$$\begin{aligned} \Lambda^k(T^*M\otimes\mathbb{C}) &= \Lambda^k\left(T^{1,0}\oplus T^{0,1}\right) \\ &= \bigoplus_{p+q=k}\left(\Lambda^p T^{1,0}M\right)\wedge\left(\Lambda^q T^{0,1}M\right) \\ &= \bigoplus_{p+q=k}\Lambda^{p,q}(M) \end{aligned}$$

이다. 여기서 $\Lambda^{p,q}(M)=\left(\Lambda^p T^{1,0}M\right)\wedge\left(\Lambda^q T^{0,1}M\right)$이다.

특히 $T^*M\otimes\mathbb{C}=\Lambda^1(T^*M\otimes\mathbb{C})=\Lambda^{1,0}(M)\oplus\Lambda^{0,1}(M)$이다.

정의 B2.3

(M, J)를 준복소다양체라 하자.

(1) $\mathcal{E}^k(M;\mathbb{C})=\Gamma\left(\Lambda^k(T^*M\otimes\mathbb{C})\right)$을 M의 복소수 값을 갖은 k-폼(k-form) 공간이라 하고,

(2) $\mathcal{E}^{p,q}(M):=\Gamma\left(\Lambda^{p,q}(M)\right)$를 타입 (p,q)의 미분폼이라 한다.

$\mathcal{E}^k(M,\mathbb{C})=\bigoplus_{p+q=k}\mathcal{E}^{p,q}(M)$에서

$$P^{p,q}:\ \mathcal{E}^k(M,\mathbb{C})=\bigoplus_{p+q=k}\mathcal{E}^{p,q}(M)\to\mathcal{E}^{p,q}(M)$$

을 사영맵(projection map)이라 하고,

$$\partial := P^{p+1,q}\circ d:\ \mathcal{E}^{p,q}(M)\to\mathcal{E}^{p+1,q}(M),$$

$$\bar{\partial} := P^{p,q+1}\circ d:\ \mathcal{E}^{p,q}(M)\to\mathcal{E}^{p,q+1}(M)$$

로 정의한다.

주의

만일 $\alpha \in \mathcal{E}^{p,q}(M)$, $p+q=k$이면 $d\alpha \in \mathcal{E}^{k+1}(M)$이고

$$\begin{aligned} d\alpha &= \sum_{r+s=k+1} P^{r,s}(d\alpha) \\ &= P^{k+1,0}d\alpha + \cdots + P^{p+1,q}d\alpha + P^{p,q+1}d\alpha + \cdots \\ &\quad + P^{0,k+1}d\alpha \\ &= P^{k+1,0}d\alpha + \cdots + \partial\alpha + \bar{\partial}\alpha + \cdots + P^{0,k+1}d\alpha \\ &\neq \partial\alpha + \bar{\partial}\alpha \ (\text{일반적으로}) \end{aligned}$$

이다.

(M, J)를 준복소다양체라 하자.

맵 $f: M \to \mathbb{C}$, $f := u + iv$이 스므스이면 외미분(exterior derivative) $df = du + i\,dv$로 정의한다. 여기서 $u, v: M \to \mathbb{R}$은 실맵(real map)이다.

정의 B2.4

$\partial := P^{1,0} \circ d$, $\bar{\partial} := P^{0,1} \circ d$로 정의한다.

여기서 $\mathcal{E}^0(M,\mathbb{C}) \xrightarrow{d} \mathcal{E}^1(M,\mathbb{C}) = \mathcal{E}^{1,0}(M) \oplus \mathcal{E}^{0,1}(M)$이다. 따라서 $f \in \mathcal{E}^0(M,\mathbb{C})$에 대하여 $df = \partial f + \bar{\partial} f$이다.

그러나 주의에서와 같이 $\alpha \in \mathcal{E}^k(M,\mathbb{C})$, $k > 0$, 일반적으로 $d\alpha \neq \partial\alpha + \bar{\partial}\alpha$이다.

B3. 복소다양체(Complex Manifolds)

준복소다양체 M은 미분다양체이며 탄젠트번들 상에 번들맵

$$J: TM \to TM, \ J^2 = -Id$$

이 존재하는 다양체이다. 반면에 n-차원 복소다양체 M은 $\mathbb{C}^n$상의 개집합을 복소동형(biholomorphic = diffeomorphic + complex structure)으로 동일시(identify)함으로써 얻어진 다양체이다.

따라서 복소다양체 M은 국소적으로 좌표계 $(z_1, \cdots, z_n)$이 있고, 복소구조 J도 $\mathbb{C}^n$으로부터 온다.

예제 8.3.1

(1) 타우브스(Taubes)는 사이버그-위튼 불변량(Seiberg-Witten invariant)를 이용하여 연결합(connected sum) $\mathbb{CP}^2 \# \mathbb{CP}^2 \# \mathbb{CP}^2$는 준복소다양체이지만 심플렉틱도 복소다양체도 아님을 보였다.

(2) 정리5.3.6에 의하면 $S^4, S^8, S^{10}, \cdots$은 미분다양체이지만 준복소다양체는 아니다.

(3) S^2와 S^6는 준복소다양체다.

(4) S^2는 호지다양체다.

정리 8.3.2

모든 복소다양체는 표준복소구조(canonical complex structure)를 갖는다.

증명

M을 n-차원 복소다양체라 하자.

$$\left\{ U_\alpha \xrightarrow{\rho_\alpha} V_\alpha : \text{좌표계},\ U_\alpha\text{는 } M\text{의 개집합},\ V_\alpha\text{는 } \mathbb{C}^n\text{의 개집합} \right\}_\alpha$$

을 M의 **아트라스**(atlas)라 하자.

$$\rho_\alpha = (z_1, \cdots, z_n),\ z_j = x_j + iy_j,\ p \in U_\alpha$$

에 대하여

$$T_pM = \mathbb{R}\left\langle \frac{\partial}{\partial x_j}, \frac{\partial}{\partial y_j} \,\middle|\, j = 1, \cdots, n \right\rangle,$$

$$J_\alpha\left(\frac{\partial}{\partial x_j}\right) = \frac{\partial}{\partial y_j},\ J_\alpha\left(\frac{\partial}{\partial y_j}\right) = -\frac{\partial}{\partial x_j},\ j = 1, \cdots, n$$

라 정의하자.

$U_\alpha \cap U_\beta$상에서 $J_\alpha = J_\beta$임을 보이자.

$$\rho_\beta = (w_1, \cdots, w_n),\ w_j = u_j + iv_j,\ j = 1, \cdots, n$$

라 하자. 정의에 의하여 $\rho_{\alpha\beta} = \rho_\beta \circ \rho_\alpha^{-1}$

$$: \rho_\alpha(U_\alpha \cap U_\beta) \to \rho_\beta(U_\alpha \cap U_\beta)$$

는 **복소동형**(biholomorphic)이다.

그러면 $\rho_{\alpha\beta}(z_1, \cdots, z_n) = (w_1, \cdots, w_n)$이고 **연쇄법칙**(chain rule)에 의하여

$$(*_1)\quad \begin{cases} \dfrac{\partial}{\partial x_k} = \displaystyle\sum_{j=1}^{n}\left(\frac{\partial u_j}{\partial x_k}\frac{\partial}{\partial u_j} + \frac{\partial v_j}{\partial x_k}\frac{\partial}{\partial v_j}\right) \\[2ex] \dfrac{\partial}{\partial y_k} = \displaystyle\sum_{j=1}^{n}\left(\frac{\partial u_j}{\partial y_k}\frac{\partial}{\partial u_j} + \frac{\partial v_j}{\partial y_k}\frac{\partial}{\partial v_j}\right) \end{cases}$$

이며, **코시-리만 방정식**(Cauchy-Riemann equations)

$$(*_2)\quad \begin{cases} \dfrac{\partial u_j}{\partial x_k} = \dfrac{\partial v_j}{\partial y_k} \\ \\ \dfrac{\partial u_j}{\partial y_k} = -\dfrac{\partial v_j}{\partial x_k} \end{cases}, \quad j, k = 1, \cdots, n.$$

을 만족한다. 따라서 $(*_1)$과 $(*_2)$에 의하여

$$\begin{aligned} J_\beta\left(\frac{\partial}{\partial x_k}\right) &= J_\beta\left(\sum_{j=1}^{n}\left(\frac{\partial u_j}{\partial x_k}\frac{\partial}{\partial u_j} + \frac{\partial v_j}{\partial x_k}\frac{\partial}{\partial v_j}\right)\right) \\ &= \sum_{j=1}^{n}\left(\frac{\partial u_j}{\partial x_k}\cdot J_\beta\left(\frac{\partial}{\partial u_j}\right) + \frac{\partial v_j}{\partial x_k}\cdot J_\beta\left(\frac{\partial}{\partial v_j}\right)\right) \\ &= \sum_{j=1}^{n}\left(\frac{\partial v_j}{\partial y_k}\frac{\partial}{\partial v_j} + \frac{\partial u_j}{\partial y_k}\frac{\partial}{\partial u_j}\right) = \frac{\partial}{\partial y_k} \end{aligned}$$

이며, $J_\beta\left(\dfrac{\partial}{\partial y_k}\right) = -\dfrac{\partial}{\partial x_k}$이므로 $U_\alpha \cap U_\beta$ 상에서 $J_\alpha = J_\beta$이다. ■

(B3.3) (M, J)를 n-차원 복소다양체라 하자.

$p \in M$에서 좌표계를 $(z_1, \cdots, z_n)$라 하고 $x_j + iy_j = z_j$, $j = 1, \cdots, n$라 하자.

p에서 탄젠트공간은 $T_pM = \mathbb{R}\left\langle \dfrac{\partial}{\partial x_j}, \dfrac{\partial}{\partial y_j} \,\middle|\, j = 1, \cdots, n \right\rangle$이다.

$$\begin{aligned} T_pM \bigotimes_{\mathbb{R}} \mathbb{C} &= \mathbb{C}\left\langle \frac{\partial}{\partial x_j}, \frac{\partial}{\partial y_j} \,\middle|\, j = 1, \cdots, n \right\rangle \\ &= \mathbb{C}\left\langle \frac{1}{2}\left(\frac{\partial}{\partial x_j} - i\frac{\partial}{\partial y_j}\right) \,\middle|\, J = 1, \cdots, n \right\rangle \oplus \\ &\quad\ \mathbb{C}\left\langle \frac{1}{2}\left(\frac{\partial}{\partial x_j} + i\frac{\partial}{\partial y_j}\right) \,\middle|\, j = 1, \cdots, n \right\rangle \end{aligned}$$

$$= \mathbb{C}\left\langle \frac{\partial}{\partial z_j} \,\middle|\, J=1, \cdots, n \right\rangle \oplus \mathbb{C}\left\langle \frac{\partial}{\partial \overline{z_j}} \,\middle|\, j=1, \cdots, n \right\rangle$$

$$= T_{1,0} \oplus T_{0,1}.$$

여기서 $\frac{\partial}{\partial z_j} := \frac{1}{2}\left(\frac{\partial}{\partial x_j} - i\frac{\partial}{\partial y_j}\right)$, $\frac{\partial}{\partial \overline{z_j}} = \frac{1}{2}\left(\frac{\partial}{\partial x_j} + i\frac{\partial}{\partial y_j}\right)$이며

$$J\left(\frac{\partial}{\partial z_j}\right) = i\frac{\partial}{\partial z_j},\ J\left(\frac{\partial}{\partial \overline{z_j}}\right) = -i\frac{\partial}{\partial \overline{z_j}}$$ 이다.

(B3.4) 같은 방법으로 복소화 코탄젠트공간은

$$T_p^* M \otimes \mathbb{C} = \mathbb{C}\langle dx_j, dy_j \mid j=1, \cdots, n\rangle$$
$$= \mathbb{C}\langle dx_j + idy_j \mid j=1, \cdots, n\rangle \oplus$$
$$\mathbb{C}\langle dx_j - idy_j \mid j=1, \cdots, n\rangle$$
$$= \mathbb{C}\langle dz_j \mid j=1, \cdots, n\rangle \oplus \mathbb{C}\langle d\overline{z_j} \mid j=1, \cdots, n\rangle$$
$$= T^{1,0} \oplus T^{0,1}.$$

여기서 $dz_j = dx_j + idy_j$, $d\overline{z_j} = dx_j - idy_j$이고

$$T^{1,0} = \mathbb{C}\langle dz_j \mid j=1, \cdots, n\rangle,\ T^{0,1} = \mathbb{C}\langle d\overline{z_j} \mid j=1, \cdots, n\rangle$$

이며, $dz_j \circ J = i\,dz_j$, $d\overline{z_j} \circ J = -id\overline{z_j}$, $j=1, \cdots, n$이다.

(B3.5) 복소다양체 (M, J)의 개집합 U에서 국소좌표계를 $(z_1, \cdots, z_n)$라 하자.

$$\mathcal{E}^k(M, \mathbb{C}) = \Gamma(\Lambda^k(T^* M \otimes \mathbb{C}))$$
$$= \bigoplus_{p+q=k} \mathcal{E}^{p,q}(M)$$

을 좌표계로 표현하면, 좌표근방 U에서

$$\mathcal{E}^{k}(U, \mathbb{C}) = \bigoplus_{p+q=k} \mathcal{E}^{p,q}(U),$$

$$\begin{aligned}&\mathcal{E}^{p,q}(U)\\&= \left\{ \sum_{\substack{|I|=p\\|J|=q}} a_{I,J}\, dz_I \wedge d\overline{z_J} \;\middle|\; dz_I = dz_{i_1} \wedge \cdots \wedge dz_{i_p},\ d\overline{z_J} = dz_{j_1} \wedge \cdots \wedge dz_{j_q}, \right.\\&\qquad \left. 1 \le i_1 < \cdots < i_p \le n,\ 1 \le j_1 < j_2 < \cdots < j_q \le n,\ a_{I,J} \in C^{\infty}(U, \mathbb{C}) \right\}\end{aligned}$$

이다.

정리 B3.5

M를 복소다양체라 하면 외미분(exterior derivative)은

$$d = \partial + \overline{\partial} :\ \mathcal{E}^{k}(M, \mathbb{C}) \to \mathcal{E}^{k+1}(M, \mathbb{C})$$

이다.

증명

$\alpha \in \mathcal{E}^{k}(M, \mathbb{C})$는 좌표근방 U상에서

$$\alpha = \sum_{|I|+|J|=k} a_{I,J}\, dx_I \wedge dy_J,\ a_{I,J} \in C^{\infty}(U, \mathbb{C})$$

$$\begin{aligned}d\alpha &= \sum_{|I|+|J|=k} d(a_{I,J})\, dx_I \wedge dy_J\\&= \sum_{|I|+|J|=k} (\partial a_{I,J} + \overline{\partial} a_{I,J})\, dx_I \wedge dy_J \qquad \text{(B2} \cdot \text{4)}\end{aligned}$$

$$\left(\begin{aligned} dz_j &= dx_j + i\, dy_j \\ d\overline{z_j} &= dx_j - i dy_j \end{aligned} \right) \Leftrightarrow \left(\begin{aligned} dx_j &= \frac{1}{2}\left(dz_j + d\overline{z_j}\right) \\ dy_j &= \frac{1}{2i}\left(dz_j - d\overline{z_j}\right) \end{aligned} \right.$$

α의 변수 x_j, y_j를 z_j, $\overline{z_j}$로 바꾸면

$$\alpha = \sum_{|I|+|J|=k} b_{I,J} dz_I \wedge d\overline{z_J} \in \mathcal{E}^k(M) = \bigoplus_{p+q} \mathcal{E}^{p,q}(M)$$
$$= \sum_{p+1=k} \left(\sum_{\substack{|I|=p \\ |J|=q}} b_{I,J} dz_I \wedge d\overline{z_J} \right)$$

이고

$$d\alpha = \sum_{p+q=k} \left(\sum_{\substack{|I|=p \\ |J|=q}} d(b_{I,J}) \wedge dz_I \wedge d\overline{z_J} \right)$$
$$= \sum_{p+q=k} \left(\sum_{\substack{|I|=p \\ |J|=q}} (\partial b_{IJ} + \overline{\partial} b_{IJ}) \wedge dz_I \wedge d\overline{z_J} \right)$$
$$= \sum_{p+q=k} \left(\sum_{|I|=p,\, |J|=q} (\partial b_{I,J}) \wedge z_I \wedge d\overline{z_J} \right.$$
$$\left. + \sum_{|I|=p,\, |J|=q} (\overline{\partial} b_{IJ}) \wedge dz_I \wedge d\overline{z_J} \right) = \partial\alpha + \overline{\partial}\alpha.$$

따라서 복소다양체 상에서 외미분은 $d = \partial + \overline{\partial}$이다. ■

주의

(1) 위 증명에서 맵 상에서 $df = \partial f + \overline{\partial} f$을 이용했다. 그러나 준복소다양체에는 복소좌표 $(z_1, \cdots, z_n)$이 없다.

(2) 복소다양체 M의 좌표근방을 U라 하고 $a \in C^\infty(U, \mathbb{C})$이면

$$da = \sum_j \left(\frac{\partial a}{\partial x_j} dx_j + \frac{\partial a}{\partial y_j} dy_j \right)$$
$$= \sum_j \left[\frac{1}{2} \left(\frac{\partial a}{\partial x_j} - i \frac{\partial a}{\partial y_j} \right) (dx_j + i dy_j) \right.$$
$$\left. + \frac{1}{2} \left(\frac{\partial a}{\partial x_j} + i \frac{\partial a}{\partial y_j} \right) (dx_j - i dy_j) \right]$$

$$= \sum_j \left(\frac{\partial a}{\partial z_j} dz_j + \frac{\partial a}{\partial \overline{z_j}} d\overline{z_j} \right)$$

$$= \partial a + \overline{\partial} a.$$

여기서

$$\partial a = P^{1,0} da = \sum_j \frac{\partial a}{\partial z_j} dz_j,$$

$$\overline{\partial} a = P^{0,1} da = \sum_j \frac{\partial a}{\partial \overline{z_j}} d\overline{z_j}$$

이다.

정리 B3.6

(M, J)를 복소다양체라 하자.

(1) $\overline{\partial}^2 = 0$,

(2) $H^{p,q}(M, \mathbb{C}) = H^q(M, \Omega^p(M))$

여기서 $\Omega^p(M)$은 홀로몰픽 p-폼의 쉎(sheaf)이다.

증명

(1) $\alpha \in \mathcal{E}^{p,q}(M)$에 대하여

$$d(\alpha) = \partial\alpha + \overline{\partial}\alpha \in \mathcal{E}^{p+1,q}(M) \oplus \mathcal{E}^{p,q+1}(M),$$

$$0 = d^2(\alpha) = d(d\alpha) = d(\partial\alpha + \overline{\partial}\alpha)$$

$$= \partial^2\alpha + (\partial\overline{\partial} + \overline{\partial}\partial)\alpha + \overline{\partial}^2\alpha \in \mathcal{E}^{p+2,q}(M) \oplus \mathcal{E}^{p+1,q+1}(M)$$

$$\oplus \mathcal{E}^{p,q+2}(M)$$

이므로 $\partial^2\alpha = 0$, $(\partial\overline{\partial} + \overline{\partial}\partial)\alpha = 0$, $\overline{\partial}^2 = 0$이다.

(2) 홀로몰픽 p-폼의 쉎 $\Omega^p(M)$의 분해(resolution)

$$\Omega^p(M) \longrightarrow \mathcal{E}^{p,0}(M) \xrightarrow{\bar{\partial}} \mathcal{E}^{p,1}(M) \longrightarrow \cdots \xrightarrow{\bar{\partial}} \mathcal{E}^{p,q}(M) \xrightarrow{\bar{\partial}} \cdots$$

여기서 $\Omega^p(M) = \mathrm{Ker}[\,\bar{\partial} : \mathcal{E}^{p,0}(M) \to \mathcal{E}^{p,1}(M)]$이고,

$$H^{p,q}(M) = \frac{\mathrm{Ker}[\,\bar{\partial} : \mathcal{E}^{p,q}(M) \to \mathcal{E}^{p,q+1}(M)]}{\mathrm{Im}[\,\bar{\partial} : \mathcal{E}^{p,q-1}(M) \to \mathcal{E}^{p,q}(M)]}$$

는 복체의 코호몰로지이며, 분해의 코호몰로지는

$H^q(M, \Omega^p(M))$이다.

따라서 $H^{p,q}(M) = H^q(M, \Omega^p(M))$이다. ■

정리 B3.7 (뉴랜더-닐렌버그 : Newlander-Nirenberg)

(M, J)가 준복소다양체라 하자.

(M, J)가 복소다양체 $\Leftrightarrow$ J가 좌표계에서 정의된다.

$\Leftrightarrow N = 0$

$\Leftrightarrow d = \partial + \bar{\partial}$

$\Leftrightarrow \bar{\partial}^2 = 0$ 이다.

여기서 $N(X, Y) = [JX, JY] - J[X, JY] - J[JX, Y] - [X, Y]$,

$X, Y \in \Gamma(TM)$는 벡타장이다. ■

주의

(M, J)가 복소다양체라 하면, $\bar{\partial}^2 = 0$이고 $H^{p,q}(M)$과 $H^k(M, \mathbb{C})$가 잘 정의된다. 그러나 폼 $\mathcal{E}^k(M, \mathbb{C}) = \bigoplus_{p+q=k} \mathcal{E}^{p,q}(M)$는 분리되지만, 일반적으로 코호몰로지군 $H^k(M, \mathbb{C})$는 $\bigoplus_{p+q=k} H^{p,q}(X)$로 분리되지 않는다. 왜냐하면 $d\alpha = 0$와 $\bar{\partial}\beta = 0$는 다르기 때문이다.

예제 B3.8 (칼라비-에크만 : Calabi-Eckmann)

구의 적 $M=S^{2p+1}\times S^{2q+1}$, $p\geq 0$, $p\neq q$은 복소다양체이나 코호몰로지군 $H^{2p+1}(M,\mathbb{C})\neq\bigoplus_{r+s=2p+1}H^{r,s}(M)$이다.

왜냐하면 $\overline{H}^{r,s}(M)=H^{s,r}(M)$이므로

$H^{2p+1}(M,\mathbb{C})=\bigoplus_{r+s=2p+1}H^{r,s}(M)$이면 $\dim H^{2p+1}(M,\mathbb{C})=1$,

$\sum_{r+s=2p+1}\dim H^{r,s}(M)$는 짝수가 되어 모순이 생긴다.

다음에서 다룰 콤팩트 켈러다양체 M에서는 호지코호몰로지분리

$$H^{k}(M,\mathbb{C})=\bigoplus_{p+q=k}H^{p,q}(M)$$

이 성립한다.

B4. 켈러다양체(Kähler Manifolds)

복소다양체 (M,h,J)는 헐미션 메트릭 h와 복소구조 J을 갖는다. 헐미션메트릭 h의 실수 부분 g는 M의 리만메트릭이 되고, 허수 부분은 기본2-폼(fundamental 2-form) Ω을 결정한다. 즉, $h=g+(-2i)\Omega$이며, 국소좌표근방에서

$$h=\sum_{\mu,\nu}h_{\mu\nu}dz_{\mu}\otimes d\overline{z_{\nu}},\qquad \Omega=\frac{i}{2}\Sigma h_{\mu\nu}dz_{\mu}\wedge d\overline{z_{\nu}}$$

이다. 일반적으로 $d\Omega\neq 0$이다.

정의 B4.1

복소다양체 (M, h, J)의 기본 2-폼 Ω가 닫혀(closed) 있을 때, 즉 $d\Omega = 0$일 때, M을 **켈러다양체**(Kähler manifold), h를 **켈러메트릭**(Kähler metric), Ω을 **켈러폼**(Kähler form)이라 한다.

(B4.2) 켈러다양체 (M, h, J, Ω)의 기본성질을 알아보자.

(1) $\mathcal{E}^2(M, \mathbb{C})$이고 는 국소좌표계 $(z_1, \cdots, z_n)$에서

$$\omega = \sum a_{jk} dz_j \wedge dz_k + \sum b_{jk} dz_j \wedge d\overline{z_k} + \sum c_{jk} d\overline{z_j} \wedge d\overline{z_k}$$

이므로 $\Omega = \dfrac{i}{2} \sum h_{\mu\nu} dz_\mu \wedge d\overline{z_\nu} \in \mathcal{E}^{1,1}(M)$이다.

$$\overline{\Omega} = -\frac{i}{2} \sum \overline{h_{\mu\nu}} d\overline{z_\mu} \wedge dz_\nu = \frac{i}{2} \sum \overline{h_{\mu\nu}} dz_\nu \wedge d\overline{z_\mu}$$

$$= \frac{i}{2} \sum h_{\nu\mu} dz_\nu \wedge d\overline{z_\mu} = \Omega \text{이고,}$$

$d\Omega = 0$이므로 $[\Omega] \in H^{1,1}(M, \mathbb{R})$이다.

(2) $\Omega = \dfrac{i}{2} \sum\limits_{\mu, \nu} h_{\mu\nu} dz_\mu \wedge d\overline{z_\nu}$이므로

Ω를 n번 쐐기곱($\wedge$)하면

$$\Omega^n = n! \left(\frac{i}{2} \right)^n \det(h_{\mu\nu}) dz_1 \wedge d\overline{z_1} \wedge \cdots \wedge dz_n \wedge d\overline{z_n}$$

이며, $\det(h_{\mu\nu}) \neq 0$이므로 $\Omega^n \neq 0$이다.

즉, Ω는 비퇴화(nondegenerate)이고 Ω^n은 볼륨폼(volume form)이다.

(3) $J^* \Omega = \Omega(J \bullet, J \bullet) = \Omega(\bullet, \bullet) = \Omega$이므로 J는 심플렉틱 동형(symplectic morphism)이다.

$g(\bullet, \bullet) = \Omega(\bullet, J \bullet)$이므로 $\Omega(X, JX) > 0$, $X \neq 0$이고,

$\Omega = \frac{i}{2}\sum h_{\mu\nu} dz_\mu \wedge d\overline{z_\nu}$은 타입 (1,1) 닫힌 2-폼이며,

$\Omega > 0$(positive)일 필요충분조건은 $\det(h_{\mu\nu}) > 0$이다.

정리 B4.3

(M, J)를 n-차원 복소다양체라 하자.

맵 $f \in C^\infty(M, \mathbb{R})$이 국소좌표계 $(z_1, \cdots, z_n)$에서 행렬식 $\det\left(\frac{\partial^2 f}{\partial z_\mu \partial \overline{z_\nu}}\right) > 0$ 양한정(positive definite)이면, $\Omega = \frac{i}{2}\partial\bar{\partial} f$은 켈러 폼이다. 이때 f를 **켈러포텐셜**(Kähler potential)이라 한다.

증명 기본폼은

$$\Omega = \frac{i}{2}\partial\bar{\partial} f = \frac{i}{2}\sum_{\mu,\nu}\frac{\partial^2 f}{\partial z_\mu \partial \overline{z_\nu}} dz_\mu \wedge d\overline{z_\nu}$$

이다.

$h_{\mu\nu} = \frac{\partial^2 f}{\partial z_\mu \partial \overline{z_\nu}}$, $h = \sum h_{\mu\nu} dz_\mu \otimes d\overline{z_\nu}$라 두면,

$\bar{\partial}\Omega = \frac{i}{2}\bar{\partial}\partial\bar{\partial} f = -\frac{i}{2}\partial\bar{\partial}^2 f = 0$, $\partial\Omega = \frac{i}{2}\partial\partial\bar{\partial} f = 0$이므로

$d\Omega = (\partial + \bar{\partial})\Omega = 0$이고, $\overline{\Omega} = -\frac{i}{2}\bar{\partial}\partial f = \frac{i}{2}\partial\bar{\partial} f = \Omega$이다.

$\det\left(\frac{\partial^2 f}{\partial z_\mu \partial \overline{z_\nu}}\right) > 0$이므로 $\det(h_{\mu\nu}) > 0$이다.

따라서 Ω는 켈러폼이고, h는 켈러메트릭이다. ■

예제 B4.4

(1) $M=\mathbb{C}^n=\mathbb{R}^{2n}$와 좌표계 $(z_1, \cdots, z_n)=(x_1, y_1, \cdots, x_n, y_n)$, $z_j=x_j+iy_j$에 대하여

$$f:\mathbb{C}^n\to\mathbb{R},\ f(z_1\cdots z_n)=\sum_{j\equiv 1}^{n} z_j\cdot\overline{z_j}=\sum_{j=1}^{n}(x_j^2+y_j^2)$$

라 두자. 그러면

$$\det(h_{\mu,\nu})=\det\left(\frac{\partial^2 f}{\partial z_\mu\partial\overline{z_\nu}}\right)=\det(\delta_{jk})=1>0$$

이다. 켈러폼은

$$\Omega=\frac{i}{2}\partial\bar{\partial}f=\frac{i}{2}\sum_j dz_j\wedge d\overline{z_j}=\sum_j dx_j\wedge dy_j$$

(2) $M=\mathbb{CP}^n$, 국소좌표계 $(z_1, \cdots, z_n)\in U_0=\{z_0\neq 0\}$

$$=\{(1, z_1, \cdots, z_n)\mid z_i\in\mathbb{C},\ i=1, \cdots, n\}\simeq\mathbb{C}^n$$

에서 맵을 $f:\ U_0\longrightarrow\mathbb{R},\ f(z)=\log(|z|^2+1)$

정의하면,

$$\Omega=\frac{i}{2}\partial\bar{\partial}\log(|z|^2+1)$$

$$=\frac{i}{2}\frac{(1+|z|^2)\sum_{j=1}^{n}dz_j\wedge d\overline{z_j}-\sum_{j,k}\overline{z_j}z_k dz_j\wedge d\overline{z_k}}{(1+|z|^2)^2}$$

이며, $h_{jk}:=\dfrac{(1+|z|^2)\delta_{jk}-\overline{z_j}z_k}{(1+|z|^2)^2}$라 두면, 계산에 의해서

$\det(h_{jk}) > 0$이므로 Ω는 켈러폼이다.

이때 $h = \sum_{j,k} h_{jk} dz_j \otimes d\overline{z_k}$를 **푸비니-스터디 메트릭**(Fubini-Study metric)이라 한다.

복소다양체와 달리 켈러다양체에서 **라플라스연산자**(Laplace operators)

$$\Delta = dd^* + d^* d, \ \square = \partial\partial^* + \partial^* \partial, \ \overline{\square} = \overline{\partial}\,\overline{\partial}^* + \overline{\partial}^* \overline{\partial}$$

는 다음 정리를 만족한다.

정리 B4.5

(M, h, J, Ω)를 n-차원 콤팩트 켈러다양체라 하자.

(1) $\Delta = 2\square = 2\overline{\square}$,

(2) $\Delta, \square, \overline{\square} : \mathcal{E}^{p,q}(M) \to \mathcal{E}^{p,q}(M)$.

(3) $$H^k(M, \mathbb{C}) = \bigoplus_{p+q=k} H^{p,q}(M) = \bigoplus_{2r \le k} [\Omega^k] \cup H_0^{k-2r}(M),$$

여기서 $\overline{H^{p,q}(M)} = H^{q,p}(M)$,

$$H_0^{k-2r}(M) = \mathrm{Ker}[\Omega^* : H^{k-2r}(M, \mathbb{C}) \to H^{k-2r-2}(M, \mathbb{C})].$$

$$H^{p,q}(M) = \bigoplus_{2r \le p+q} [\Omega^r] \cup H_0^{p-r,q-r}(M).$$

(4) $[\Omega^{n-k}] \cup : H^k(M, \mathbb{C}) \to H^{2n-k}(M, \mathbb{C})$는 선형동형이다. ■

주의

정리B4.5에서

(1)은 Δ, $\square$, $\overline{\square}$은 실연산자(real operator)이며,

(2)는 Δ, $\square$, $\overline{\square}$는 (p,q)-타입을 유지하고,

(3)의 첫째 등호를 **호지분해**(Hodge decomposition), 둘째 등호를 **렆셔츠분해**(Lefschetz decomposition)라 하고,

(4)를 **어려운 렆셔츠정리**(hard Lefschets theorem)라고 한다.

B5. 호지다양체(Hodge Manifolds)

(M, h, J, Ω)을 콤팩트 켈러다양체라 하자. 켈러폼 Ω는 (1,1)-타입 닫힌 실 2-폼이다. 따라서 코호몰로지류는

$[\Omega] \in H^{1,1}(M, \mathbb{C}) \cap H^2(M, \mathbb{R})$이다.

정의 B5.1

(M, h, J, Ω)가 콤팩트 켈러다양체이고, 켈러폼의 코호몰로지류 $[\Omega] \in H^2(M, \mathbb{Z})$가 **정수류**(integral class)일 때 (M, h, J, Ω)을 **호지다양체**(Hodge manifold)라 하고, h를 **호지메트릭**(Hodge metric), Ω을 **호지폼**(Hodge form)이라 한다.

예제 B5.2

(1) 복소사영공간 $\mathbb{CP}^n$과 그의 복소부분다양체, 복소글라스만다양체 $Gr(k, n, \mathbb{C})$는 호지다양체이다.

(2) $\mathbb{C}^n$의 $2n$벡타 $\Omega = \{w_1, \cdots, w_{2n}\}$가 $\mathbb{R}$상에서 일차독립이라 하자. Γ를 정수계수를 갖는 Ω의 선형합 집합이라 하면, Γ가 $\mathbb{C}^n$에 작용, $\mathbb{C}^n \times \Gamma \to \mathbb{C}^n$, $(z, r) \mapsto z + r$한다.
복소토러스(complex torus) $M := \mathbb{C}^n / \Gamma$는 콤팩트 켈러다양체이다.
이때 M이 호지다양체일 필요충분조건은 Ω가 리만행렬(Riemann matrix)이다.

정리 B5.3 (고다이라 : Kodaira)
(M, h, J, Ω)가 콤팩트 켈러다양체라 하자.
M이 호지다양체일 필요충분조건은 M이 사영대수다양체(projective algebraic manifold), 즉, $M \subset \mathbb{CP}^N$이다.
M이 호지다양체이면 양의 홀로몰픽 라인번들 $L \to M$이 존재하여 $c_1(L) = [\Omega]$이며, 역도 성립한다. ■

(B5.4) M을 n-차원 콤팩트 켈러다양체라 하자.
$h^{p,q} := \dim_{\mathbb{C}} H^{p,q}(M)$을 호지수(Hodge number)라 하자.

M의 **호지다이아몬드**(Hodge diamond)는 아래와 같다.

$$
\begin{array}{llllll}
b_{2n}: & & & h^{n,n} & & \\
b_{2n-1}: & & h^{n,n-1} & & h^{n-1,n} & \\
b_{2n-2}: & h^{n,n-2} & & h^{n-1,n-1} & & h^{n-2,n} \\
 & & & \vdots & & \\
b_2: & h^{2,0} & & h^{1,1} & & h^{0,2} \\
b_1: & & h^{1,0} & & h^{0,1} & \\
b_0: & & & h^{0,0} & &
\end{array}
$$

여기서 b_k는 베티수이고 $h^{p,q}$는 호지수이며, $b_k = \sum_{p+q=k} h^{p,q}$,
$h^{p,q} = h^{q,p}$, $h^{p,p} \neq 0\,(p=0,\cdots,n)$, $h^{p,q} = h^{n-p,n-q}$, $b^k = b^{2n-k}$
등의 대칭(symmetry)성이 있다.

(B5.5) 짝수 차원 다양체 포함관계

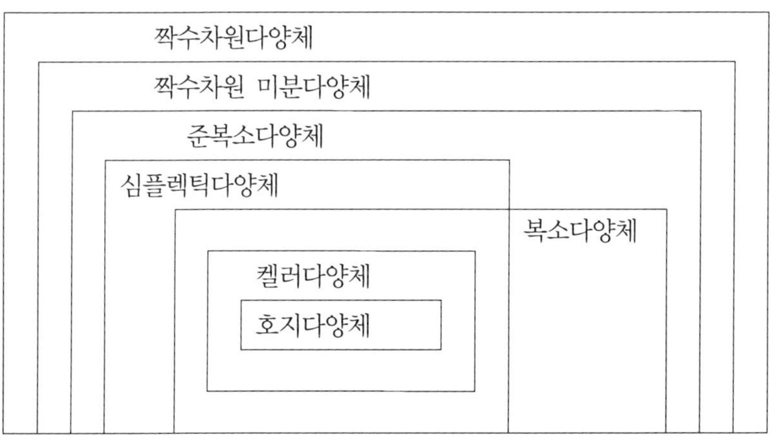

부록 C 수학자들(Mathematicians)

*알파벳순, 64명

❑ 아벨 (Niels Abel, 1802-1829, 노르웨이)

노르웨이의 수학자이다. 19세때 5차방정식의 일반해가 존재하지 않음을 증명했다. 그를 기리기 위해 창설된 아벨상은 매년 6백만 노르웨이 크로나 상금을 준다.

아벨의 업적은 5차이상의 방정식은 사칙연산과 거듭제곱근의 계산을 유한번해서는 풀 수 없다는 것을 깨끗이 증명하여 수학의 발전에 지대한 공헌을 하였다. 무한 급수의 수렴에 관한 정리도 유명하다. '아벨 군' 등 수학 용어에도 이름을 남기고 있으며, 그 외에 아벨 방정식, 아벨 적분, 아벨 함수, 아벨 다양체, 원(遠) 아벨 기하학 등 아벨의 이름을 딴 수학 용어는 많다.

❑ 아티야 (Michael Francis Atiyah, 1929-2019, 영국)

영국의 수학자로 대수기하학과 미분기하학 및 대수적 위상수학 등 다양한 분야에 큰 업적을 남겼다.

케임브리지 대학교 트리니티 칼리지에서 학사-박사 학위를 취득하였다. 그의 지도교수는 윌리엄 호지였으며, 학위 논문은 대수기하학을 다루었다.

1961년에 옥스퍼드 대학교 조교수가 되었으며, 옥스퍼드 대학교 재직 중 사이먼 도날드슨, 나이절 히친, 그레임 시걸, 피터 크론하이머 등을 지도하였다.

1966년에 37세의 나이로 필즈상을 수상하였다. 1990년에 케임브리지 대학교에서 아이작 뉴턴 연구소(Isaac Newton Institute)를 창설하였고, 초대 소장직을 역임하였다. 1997년 은퇴 후, 에든버러 대학교 명예교수 및 레스터대학교 명예총장직 등 명예직만을 보유하였다. 2004년에 싱어와 함께 아티야-싱어 지표 정리에 대한 공로로 아벨상을 수상하였다.

아티야는 히르체브루크와 더불어 대수적 위상수학의 한 분야인 위상 K이론을 창시하였다. 또한 물리학의 게이지 이론에 크게 기여하였다.

❑ 벨트라미 (Eugenio Beltrami, 1835-1899, 이탈리아)

이탈리아의 수학자로 비유클리드 기하학과 전자기학에 대한 업적, 그리고 해석학의 라플라스-벨트라미 연산자 등으로 유명하다. 1862년에는 볼로냐 대학교에 수학 교수로 임용되었고, 그후 피사, 로마, 파비아의 대학교에서 가르치기도 했다. 그는 1899년 로마에서 사망하였다. 주요업적은 라플라스-벨트라미 연산자, 벨트라미-클라인 모형 등이다.

❑ 베티 (Enrico Betti, 1823-1892, 이탈리아)

1871년에 베티 수에 대한 논문을 발표한 수학자이다. 주요업적은 베티 수, 베티 정리(Betti's theorem) 등이다.

베티는 피사대학교에서 수학과 물리학을 전공했고, 1840년부터 피사대학교에서 가르치기 시작했다. 후에 피사대학 총장도 했고, 피사대학을 이탈리아 수학 연구 및 수학 교육의 중심지가 되도록 하는데 기여하였다. 이탈리아 독립을 위해 두 번의 전투에서 싸웠고 1862년에 새로운 이탈리아 의회에 선출되기도 했다.

베티의 초기연구는 방정식과 대수학의 이론이었는데 리만은 베티의 연구과정에 결정적인 영향을 주었다. 그 둘은 친구가 되었고 리만은 베티의 토폴로지에 대한 연구에 영감을 주었다. 베티는 연구의 주요목표를 항상 고귀한 철학적 목적을 지닌 순수한 과학 연구였다.

❑ 비앙키 (Luigi Bianchi, 1856-1928, 이탈리아)

이탈리아의 수학자다. 19세기 말에 번성하였던 이탈리아 대수기하학파(Italian school of algebraic geometry)의 주요 구성원이었다. 오늘날 미분기하학에서 중요한 역할을 하는 비앙키 항등식을 발견하였다.

비앙키는 1898년에는 리만다양체의 등거리변환군들을 9가지 종류로 분류한 비앙키분류를 발표하였다. 이는 훗날 일반상대성이론에서 중요한 역할을 하게 된다. 1902년에는 리만곡률 텐서의 비앙키항등식을 발견하였다. 이 또한 일반상대성이론에서 매우 중요한 역할을 한다. 1928년 6월 6일 피사에서 사망하였다.

❑ 보트 (Raoul Bott, 1923-2005, 헝가리 출생 미국 국적)

기하학의 여러 분야에서 지대한 공헌을 하였다. 특히 보렐-베유-보트 정리는 주요업적이다.

박사학위 이후 보트는 순수 수학, 특히 리 군의 호모토피이론(homotopy theory)으로 관심을 돌렸다. 이 연구에서 모스이론(Morse theory)을 사용하여 1956년에 유명한 보트주기정리(Bott periodicity theorem)을 발표하였고, 이 과정에서 유명한 모스-보트 함수(Morse-Bott function)을 만들어냈는데, 이는 모스함수(Morse function)를 일반화한 것이다.

수학적 재능을 인정받아 1959년에 하버드대학교의 수학과에 정교수로 채용되었다. 그 후 필즈상 수상자인 마이클 아티야와 함께 공동연구를 하였다. K이론의 주기성을 시작으로 차차 아티야-싱어 지표 정리에 관련된 수학적 공헌을 하게 되었는데, 그것은 우즈 홀 고정점 정리(Woods Hole fixed point theorem)으로 불리는 정리이다. 우즈 홀 정리는 이후 아티야-보트 고정점 정리(Atiyah-Bott fixed point theorem)로 불린다. 보트는 또, 리 군의 표현론에 관한 보렐-보트-베유 정리

(Borel-Bott-Weil theorem)로도 유명하다.

보트는 40년간 하버드대학교에서 수없이 많은 저명한 수학자들을 제자로 길러냈다. 보트의 제자들 중 가장 유명한 사람들을 꼽자면 로버트 맥퍼슨, 피터 란드베버, 대니얼 퀼런, 스티븐 스메일 등이 있다. 이들 가운데 퀼런과 스메일은 필즈상을 수상하였다.

❑ 브라우어 (Luitzen Egbertus Jan Brouwer, 1881-1966, 네덜란드)

네델란드 수학자이자 철학자이다. 암스테르담 대학교를 졸업했고, 위상수학, 집합론, 측도론, 복소해석학 분야를 연구했다. 수리철학의 하나인 직관주의(intuitionism)의 창시자이다. 브라우어의 주요업적은 브라우어 고정점 정리 (Brouwer's fixed point theorem), 털난 공 정리(hairy ball theorem), 직관주의, 브라우어차수 등이다.

브라우어는 명예박사 학위를 1929년 오슬로대학과, 1954년에서 케임브리지대학(University of Cambridge)으로 부터 수상하였다. 그는 1932년 네덜란드사자단(Dutch Order of the Dutch Lion)에서 기사 작위를 수여받았다.

❑ 코시 (Augustin Louis Cauchy, 1789-1857, 프랑스)

조제프루이 라그랑주, 피에르시몽 라플라스(P. S. Laplace) 등으로 대표되는 18세기의 수학을 19세기적 단계에 올려놓은 프랑스의 대수학자로 평가된다.

코시의 주요업적은 코시의 적분정리, 코시-슈바르츠 부등식, 코시의 정리(군론), 코시 수열, 코시-리만 방정식, 엡실론-델타 논법, 코시 주요값 코시-아다마르 정리, 코시-오일러 방정식 등이다.

프랑스혁명의 해에 파리에서 태어나 에콜폴리테크니크에서 수학 후 모교의 교수가 되었다. 당시의 프랑스는 혁명과 반혁명이 교차하는 정치적인 격동기로, 엄격한 가톨릭 신자이고 왕당파였던 코시는 정치적으로 지조를 지키고자 하여 많은 고난을 겪었다.
코시의 수학상 업적은 극히 많은데, 가장 큰 공로는 해석학을 엄밀한 기초 위에 올려 놓은 것이다. 무한소라는 애매한 개념상에 있던 미적분을 극한, 연속, 급수의 합 등의 개념을 확립하여 이론화시킨 공이 크다. 복소함수론의 기초도 정리하여 확립했고, 미분방정식에 대해 해(解)의 존재를 증명했다. 코시는 해석학을 계산에서 논리의 단계로 올려놓았다고 말할 수 있다.

❑ 체크 (Eduard Čech, 1893-1960, 체코)

체크는 체코의 수학자이다. 체크코호몰로지의 정의로 유명하다. 사영기하학과 위상수학에 공헌하였다. 주요업적은 체크코호몰로지, 체크 신경, 스톤-체크 콤팩트화 등이다.

❑ 천 (Shiing-Shen Chern, 1911-2004, 중국 출신 미국 국적)

20세기 미분기하학의 대표수학자이다. 천싱선은 미분기하학의 거의 모든 분야들을 연구하였다. 미국의 저명한 수학자인 제임스 해리스 사이먼스와 함께 천-사이먼스 이론과 천-사이먼스 형식을 증명한 것으로 유명하다. 천-사이먼스 형식은 현재 수학과 이론물리학에서 가장 널리 연구되는 주제들 중 하나이다. 그는 "현대 미분기하학의 아버지"로 불리며 기하학의 리더이자 20세기 최고의 수학자 중 한 명으로 널리 알려져 있으며 울프상(Wolf Prize)과 첫 번째 쇼상(Shaw Prize)를 비롯한 수많은 상을 수상했다. 천을 기리기 위해 국제수학연맹(International Mathematical Union, IMU)은 2010년에 "수학 분야에서 뛰어난 업적에 대한 최고 수준의 인정을 받은 개인"을 표창하기 위해 천 메달(Chern Medal)을 제정했다.

중국 저장성에서 태어났고, 1930년 톈진 난카이대학교와 1934년 칭화대학교 대학원을 졸업하였으며, 1936년 독일 함부르크 대학교에서 박사학위를 취득한 후, 1937년 칭화대학교 교수가 되었다.

그 후, 미국으로 건너가서 프린스턴대학교 등에서 강의를 하였다. 천은 고등연구소(Institute for Advanced Study, 1943-45)에서 일했고, 시카고대학교(University of Chicago)에서 기하학 학과장으로 (1949-1960) 10년 정도 근무한 후 캘리포니아대학, 버클리소재(University of California, Berkeley)로 옮겨 세계적으로 유명한 수학연구소(Mathematical Sciences Research Institute)를 설립하는데 크게 기여했고 초대소장으로 일했다.

수학 발전에 이바지한 공로를 인정받아서 1975년 미국과학상을 수상했으며, 2000년 난카이 대학교 교수로 임명되었으나, 2004년 12월 3일 사망하였다.

국제천문학회 소행성 명명 위원회는 그의 업적을 기려서, 소행성 1998C S2를 29552 천으로 명명하였다. 그의 주요업적은 천-사이먼스 이론, 천-사이먼스 형식, 천-베유 이론, 천 특성류, 천-가우스-보네 정리 등이다.

❑ **초우** (Wei-Liang Chow, 1911 - 1995, 중국)

중국 출생의 대수기하학자다. 미국으로 유학하여 시카고대학교를 1931년 졸업하였고, 1932년부터 독일로 유학하여 괴팅겐대학교를 거쳐 라이프치히대학교에서 박사학위를 수여받았다. 난징, 상하이 등지에서 가르치다가 프린스턴고등연구소로 이전했다. 1948년부터는 존스홉킨스대학교 교수가 되었다. 복소사영공간에서 초우정리가 있다.

❑ 드람 (Georges de Rham, 1903-1990, 스위스)

드람은 스위스의 수학자이다. 드람의 업적은 미분위상수학에 기여하였고, 코호몰로지를 미분 형식으로 나타낸 드람코호몰로지를 정의하였다.

1931년 드람정리를 증명하였고, 드람코호몰로지로 위상수학적 불변량임을 증명하였다.

1931년에 파리대학교에서 박사 학위를 수여받았으며, 1932년에 로잔대학교 교수가 되었다. 1936년부터는 제네바대학교에서도 교수직을 겸했다.

드람은 수학자이면서 또한 스위스 최고의 등산가 중 한 명으로 1944년부터 로잔의 독립 고산 그룹의 일원으로서 수많은 세계의 높은 산을 등반하였고 완전한 등반가이드 북까지 썼다. 수학자들 말에 의하면 1933년 드람은 스위스 알프스 바이스호른산(Weisshorn) 등반 중에 수학자 휘트니(Hassler Whitney)를 만나 함께 등반했고, 그 일은 이후 드람과 휘트니 사이의 40년 이상 우정의 시작이었다 한다.

❑ 데카르트 (René Descartes, 1596-1650, 프랑스)

데카르트는 프랑스의 철학자, 수학자, 과학자, 근대 철학의 아버지, 해석기하학의 창시자로 불린다. 그는 합리론의 대표주자이며 대표 저서 《방법서설》 에서 철학의 출발점인 '나는 생각한다, 고로 존재한다.'라는 명제를 선언했다. 수학자 데카르트는 처음으로 방정식의 미지수에 x를 쓴 것으로 유명하다.

데카르트는 17세기 근대 수학의 기수였다. 어려서부터 허약했던 그는 교장선생님으로부터 늦잠을 허락 받았다. 후에 데카르트는 늦잠에서 깨어 자신의 학교 생활을 뒤돌아보면서 침대에서 보낸 조용한 아침의 명상이 자신의 철학과 수학의 참다운 원천이었다고 얘기한다. 그가 x좌표를 발견한 일화가 있다. 침대에 누워 천정에 붙어 있는 파리를 보고 파리의 위치를 나타내는 방법을 찾으려고 애쓰다가 '좌표'라는 발상을 하게 되었다는 것이다. 중학교 1학년 함수 단원을 공부하면서 파리가 움직이면 x의 값이 변하면서 y의 값이 따라서 변화한다. 이 이야기는 수의 성질을 연구하는 대수학과 도형의 성질을 연구하는 기하학을 하나로 묶어 연구한 데카르트의 수학하는 방법(이를 '해석기하학'이라 한다)의 발견을 귀띔해 주는 일화이다.

❑ **디락** (Paul Dirac, 1902-1984, 영국)

디락은 1933년 노벨물리학상을 수상한 영국의 이론물리학자이다. 양자역학을 탄생시킨 사람 중의 하나로 꼽힌다. 주요업적은 디락 방정식, 디락 델타 함수, 페르미-디락 통계, 브라-켓 표기법, 디락 괄호 등이다.

1933년 에르빈 슈뢰딩거와 함께 "원자 이론의 새로운 형식의 발견"으로 노벨 물리학상을 수상했다. 폴 디락은 노벨상 수상자로 선정됐을 때 주위의 관심을 꺼렸으며 청중앞에 나서기 싫어서 거절하려고 했으나, 오히려 노벨상을 거절하면 더 많은 관심을 끈다는 주위의 충고를 듣고 상을 받기로 했다고 한다.

1932년부터 1936년까지 케임브리지대학교에서 루커스 수학 석좌교수를 지냈다. 그의 이름을 따서 주는 상인 디락 메달은 국제 이론 물리 센터(ICTP)에서 이론물리학자들에게 주는 상이다.

❑ 돌보 (Pierre Dolbeault, 1924-2015, 프랑스)

프랑스 수학자이다. 파리대학교에서 1955년 앙리 카르탕 교수 지도하에 박사학위를 받았다.
돌보 코호몰로지(Dolbeault cohomology)는 그의 이름을 따서 명명되며 돌보정리도 마찬가지이다.

❑ 도날드슨 (Simon Kirwan Donaldson, 1957-, 영국)

도날드슨은 영국의 수학자이다. 영국 케임브리지에서 태어난 수학자로, 미분기하학에서 순간자를 사용하여 4차원 유클리드 공간 위의 이국적 매끄러움 구조를 찾아낸 업적으로 유명하다. 주요업적으로 도날드슨 불변량이 있다. 1986년 필즈상을 수상하였고, 2012년에는 작위도 수여받았다. 현재 영국 임페리얼 칼리지 런던의 수학과 순수수학 분야의 석좌교수이자 임페리얼 수학연구소의 소장으로 있다.
도날드슨은 1979년, 케임브리지대학교의 펨브로크칼리지(Pembroke College, Cambridge)에서 학사를 마쳤고, 1980년에 옥스퍼드대학의 우스터칼리지(Worcester College)에서 박사과정 공부를 시작했다. 최초에는 히친이 지도교수였으나 후에 마이클 아티야의 지도 아래에서 공부하였다.
1982년, 겨우 2년차 대학원생인 상태에서, 도날드슨은 수학계를 충격으로 몰아넣은 놀라운 결과를 증명하였는데, 이 결과를 1983년에 〈자기 쌍대 접속과 4차원 매끄러운 다양체의 위상수학〉 (Self-dual connections and the topology of smooth 4-manifolds)라는 제목으로 출판하였다.
1983년 그의 놀라운 결과를 박사 논문으로 옥스퍼드대학교를 졸업한 도날드슨은 옥스퍼드 올솔스칼리지(All Souls College)에서 연구원 생활을 시작하였고, 1983-84학년도에는 미국 프린스턴의 프린스턴고등연구소에서 연구하였다. 그

후 옥스퍼드대학으로 돌아와서 1985년 정교수직을 맡게 되었다. 1999년 도날드슨은 런던의 임페리얼칼리지런던으로 자리를 옮겼다.

❑ 아일렌버그 (Samuel Eilenberg, 1913-1998, 폴란드 출생 미국 국적)

대수적 위상수학과 호몰로지 대수학에 공헌을 하였고, 손더스 매클레인과 같이 범주론을 창안하였다. 니콜라 부르바키의 회원이었다. 니콜라 부르바키(Nicolas Bourbaki)란 20세기에 프랑스를 중심으로 활동한 수학자들의 익명의 비밀 연구단체로 부르바키의 회원들은 1935년부터 현대수학의 체계적인 저술활동을 목적으로 시작, "니콜라 부르바키"라는 이름으로 책을 발표했으며 그들의 저술은 최대한의 엄밀성과 일반성을 추구한 것으로 유명하다.

주요업적은 리 대수 코호몰로지, 막대 복합체, 범주, 범주론, 아일렌버그-매클레인 공간, 아일렌버그-스틴로드 공리, 아일렌버그-질버 사상, 자연 변환, 함자 등이다.

아일렌버그의 주요 업적은 대수적 위상수학과 이로부터 파생된 분야인 호몰로지 대수학과 범주론에 속한다. 말년에는 주로 범주론과 오토마타 이론을 연구하였다. 수학 밖에도 아일렌버그는 아시아의 예술 작품 수집가였다. 인도, 인도네시아, 파키스탄, 네팔, 타이, 캄보디아, 스리랑카, 중앙 아시아 등의 조각들을 수집하였는데, 상당수 메트로폴리탄 미술관에 기증하였다. 뉴욕 메트로폴리탄 미술관은 1991~1992년 아일렌버그 컬렉션 특집을 열었다.

❑ 아인슈타인 (Albert Einstein, 1879-1955, 독일 출생 스위스와 미국 국적)

아인슈타인은 독일 출생의 스위스와 미국에서 활동한 수학자 겸 이론물리학자이다. 그의 일반상대성이론은 현대 물리학의 형성에 지대한 영향을 끼쳤다. 1921년 광전효과에 관한 기여로 인하여 노벨 물리학상을 수상하였다. 아인슈타인은 생애 동안 300개 이상의 과학 논문을 포함하여 다양한 업적과 활동으로 인류의 학문 발전에 기여했으며, 현대에도 천재적 인물의 대명사로 잘 알려져 있다.

1933년 미국 방문 중에 아돌프 히틀러가 독일 집권자가 되었다는 것을 알고서, 미국으로 망명하였으며 미국 시민권 취득 이후 프린스턴 고등연구소에서 교수로 지냈다. 그는 루스벨트 대통령에게 원자폭탄제조의 필요성을 역설하는 편지를 보내기도 하였다. 어려서부터 독일의 반유대주의적 환경에서 자란 영향으로 나치에 반대한 평화주의자였으며 유대인 국가 건립을 지지한 시온주의자였다. 1955년 사망시까지 프린스턴대학교 근처에서 살았고, 복부대동맥류로 인한 출혈로 76세의 나이에 세상을 떠났다.

그의 주요업적은 특수상대성이론, 일반상대성이론, 아인슈타인 장방정식, 브라운 운동, 광전효과, 질량-에너지 등가성, 보즈-아인슈타인 통계, 우주 상수, EPR 역설 등이다.

주요 수상 경력은 노벨물리학상(1921), 코플리상(1925), 플랑크상(1929) 등이다.

❑ 유클리드 (Euclid 또는 Euclid of Alexandria, 기원전 300년경, 고대 그리스)

고대 그리스의 수학자이자 소설가이다. (수학자인지 확실하게 밝혀진 사실은 없다.)

유클리드는 고대 그리스-로마시대의 가장 눈에 띄는 수학자요 기하학자이다.

유클리드는 당시 알려진 정수론 및 기하학을

체계적으로 정리한 《유클리드 원론》을 집대성한 업적을 가장 높게 평가받고 있다.

유클리드는 "기하학에는 왕도가 없다" 라고 말했다 한다.

❑ 오일러 (Leonhard Euler, 1707-1783, 스위스)

오일러는 스위스의 수학자이다. 제타함수를 처음 만들어 썼다. 18세기에 가장 유명한 수학자로 삼각법을 하나의 독립된 수학분야로 발전시켰다.

삼각함수의 기호 사인(sin), 코사인(cos), 탄젠트(tan)와 허수의 기호 i, 자연대수의 밑수 e를 처음으로 쓰기 시작한 사람이다. 수학의 천재인 오일러는 삼각법, 삼각함수, 복소수 등 관계하지 않은 것이 하나도 없었다. 20대에 오른쪽 눈의 시력을 잃었을때" 한 눈으로 보니 모든 현상이 더욱 또렷이 보인다"라고 했다. 60대에 왼쪽 눈마저 실명했으나 기억력에 바탕을 두어 연구를 계속했다. 오일러의 실명은 베토벤이 청각을 잃은 것과 비교된다. 오일러의 이름은 수학에서 오일러 각도, 오일러 방정식, 오일러-라그랑주 방정식, 코시-오일러 방정식 등에 남아있다.

❑ 플로에르 (Andreas Floer, 1956-1991, 독일)

독일의 수학자이다. 심플렉틱 토폴로지, 수학적 물리학, 특히 플로에르(Floer)코호몰로지 발명에 중요한 공헌을 했다. Floer의 첫번째 중추적 기여는 심플렉틱동형(symplectomorphism)의 고정 지점에 대한 아놀드(Arnold) 추측의 특별한 경우의 솔루션이었다. 아놀드의 추측과 즉각적인 상 동성 개발에 대한 그의 연구 덕분에 그는 폭 넓은 인정을 받았으며 1990년 8월 교토에서 개최된 국제수학자회의의 본회의 연사로 초청되었다. 그는 1989년 슬로안장학금(Sloan Fellowship)을 받았다. 슬로안장학금은 미국에서 세계적으로 전도 유망한 젊은 신진과학자와 기초연구분야 학자들을 대상으로 기초연구를 촉진하기 위해 주는 권위있는 장학제도이다.

그는 보훔루르대학교(Ruhr-Universität Bochum)에서 1982년에 수학 학사학위를 받은 후 버클리소재 캘리포니아대학에 진학하여 타우브스 지도하에 박사공부를 하였다. 그러나 군대문제가 해결되지 않아 미국에서의 박사공부를 완료하지 못하고 1984년 보훔에서 박사학위를 받았다.

1988년 버클리 캘리포니아대학의 조교수가 되었고 1990년에는 수학과 정교수로 승진도 했다. 그러나 1990년부터 모교인 보훔루르대학교(Ruhr-Universität Bochum)에서 수학 교수로 재직 중 1991년에 자살했다.

❑ 프리드만 (Michael Hartley Freedman, 1951-, 미국)

미국의 수학자로 마이크로소프트 연구소에서 연구활동을 하고 있다. 1986년 20세기 수학계에서 가장 유명한 문제 중 하나인 푸앵카레 추측을 사차원에서 증명하여 1986년 필즈상을 수상했다.

로스앤젤레스에서 태어나서 1973년 프린스턴대학교에서 박사학위를 받았고, 졸업 후 1975년까지 UC 버클리 수학과의 강사로 재직했다. 1975년 프린스턴 고등연구소의 일원이 되었으며, 1976년엔 캘리포니아대학교 샌디에이고 수학과 부교수가 된다. 1980년과 1981년을 프린스턴 고등연구소에서 보내고, UC 샌디에이고로 돌아가 1982년에는 정교수로 승진한다. 1985년에는 UC 샌디에이고 수학과 학장을 지낸다. 수많은 수상 경력이 있다.

❑ 푸비니 (Guido Fubini, 1879-1943, 이탈리아)

푸비니는 푸비니의 정리와 푸비니-스투디 계량으로 잘 알려진 수학자이다. 그의 주요업적은 푸비니의 정리, 푸비니의 미분 정리, 푸비니-스투디 계량 등이다.
베네치아의 유대인 가정에서 태어났고 아버지는 수학교사였다. 어려서부터 수학에 탁월한 재능을 나타냈고, 1896년에 피사에 있는 스쿠올라 노르말레 수페리오레 디 피사 (Scuola Normale Superiore di Pisa)에 입학하였다. 1900년에 졸업하였는데, 지도 교수 루이지 비안키가 아직 지도학생인 푸비니의 미분기하학에 관한 박사 학위 연구논문을 뛰어난 연구로, 저서에 언급해 유명해졌다.
토리노대학교에서 수십년 가르쳤다.
푸비니가 은퇴할 즈음인 1939년에 무솔리니의 파시즘 정권이 들어섰고, 반유대주의 정책을 펴기 시작하자, 푸비니는 미국으로 망명하여 프린스턴대학교에서 교편을 잡았다. 4년 뒤 뉴욕에서 사망하였다.

❑ 가우스 (Carl Friedrich Gauss, 1777-1855, 독일)

가우스는 독일의 수학자이다. 19세기의 가장 위대한 수학자이며 아르키메데스, 뉴턴과 더불어 3대 수학자로 불린다. 순수수학은 물론 응용수학에도 눈부신 업적을 남겨 타계 후 하노버왕조지5세가 메달에 '수학의 왕'이라 새겨 경의를 표했다.
브란슈바이크 지역 가난한 벽돌노동자집안 출생이었으나 10세 때 등차급수의 합을 구하는 공식을 써서 선생님을 놀라게 했다. 학교교육을 못받은 가우스의 아버지는 학문이라는 것은 쓸모없다 여기고 아들이 자신의 뒤를 이어 벽돌 노동자가 되기를 원했으나 가우스의 학문에 대한 열정을 이해한 어머니와 삼촌의 지원 덕분에 열심히 공부할 수 있었다.

브란슈바이크 공의 도움으로 괴팅겐대학에서 공부하게 되었고 이 대학교수로 평생을 보냈다. 19세 학생시절 유클리드 이래 2000년간 삼각자와 컴퍼스만으로는 그릴 수 없다고 했던 정17각형을 그릴 수 있음을 증명했다. 최소제곱수를 발견하여 복소수평면을 발표했고, 정 14각형 그리는 방법을 정수론에서 얻었다. "수학은 모든 과학의 여왕이며, 정수론은 수학의 여왕이다"라고 하여 수학과 그 중에서도 정수론을 높이 평가했다. 곡면론, 허수론, 방정식론 등에서도 새로운 개척을 하였고, 복소수라는 말도 그에게서 비롯됐다.

그의 수많은 어록 중 하나인 "아무리 큰 대성당도 건축 공사장의 마지막 조각이 채워질 때까지는 대성당이라고 할 수 없다."라는 말에서 알 수 있듯이 가우스는 완벽주의자 기질이 있어 수많은 발견들을 자신의 엄격함, 아름다움, 종합성에 대한 기준 때문에 발표하지 않았던 것도 많았다 한다.

가우스의 대표적인 업적은 비유클리드 기하학, 가우스-뤼카 정리, 가우스-보네 정리, 가우스 적분, 대수학의 기본 정리, 이차 상호 법칙, 가우스 정수, 가우스 법칙, 가우스 소거법, 가우스 곡률, 가우스 함수 등으로 알려져 있다.

❑ 글라스만 (Hermann Günther Grassmann, 1809-1877, 독일)

독일 수학자로서 선형대수학, 벡터 공간, 외대수, 반가환수, 글라스만 다양체, 글라스만 법칙 등에 커다란 업적을 남겼다.

1840년에 출판한 논문 《조수 간만 이론》 은 선형대수학의 시초로 여겨지며, 벡터 공간의 개념이 최초로 등장한다. 1844년에는 자신의 이론을 집대성한 논문 《선형 확장 이론: 수학의 새 분야》 를 출판하였다. 1847년에 프로이센 교육부에 대학 교수 지원서를 보냈으나, 이를 심사했던 에른스트 쿰머는 글라스만의 선형대수학 이론을 이해하지 못하고 낙제시켰다. 1852년에 아버지가 교사로 일했던 슈체친 김나지움에 임용되었다.

자신의 이론이 무시된 것을 보고, 1862년에 글라스만은 자신의 논문을 더 쉽고 엄밀한 언어로 다시 써 《체계적이고 엄밀하게 해설한 확장 이론》 이라는 제목으로 출판하였다. 그러나 이 역시 당시 학계에서 완전히 무시당했다. 학계의 냉담한 반응에 낙심한 글라스만은 수학에 흥미를 잃고, 대신 언어학을 연구하기 시작하였다. 1877년 68세의 나이로 슈체친에서 사망하였다.

❑ 글로텐딕 (Alexander Grothendieck, 1928-2014, 독일 출생 무국적자 후 프랑스 국적)

독일 출생으로 프랑스에서 활동한 수학자이다. 함수해석학과 호몰로지 대수학, 대수기하학에서 뛰어난 업적을 남겼으며, 특히 호몰로지 대수학과 대수기하학에서 매우 추상적인 관점을 도입하였다. 1966년 필즈상을 수상하였으며, 1988년에는 또 다른 필즈상 수상자인 수학자 피에르 들리뉴와 함께 크라포르드상의 수상자로 결정되었으나, 본인이 윤리적인 문제를 들어 수상을 거절하였다. 제2차 세계대전의 격동기로 인해 글로텐딕는 숨어 지내는 등 불운한 어린 시절을 보냈는데, 유대인이었던 아버지는 아우슈비츠 수용서에서 사망하였다. 종전후 젊은 글로텐딕는 프랑스 몽펠리에대학교에서 수학 공부를 시작하였으며 그의 뛰어난 수학적 능력은 여러 교수들의 눈에 띄었고, 이들의 추천으로 1948년, 더 심도있는 수학 공부를 위해 프랑스 파리로 가서 유망한 수학자 집단과 어울리면서 수학공부를 계속했다. 글로텐딕는 어린시절에 스스로 겪은 전쟁의 영향을 받아 극좌파적 정치성향과 평화주의적인 정치성향을 보였다. 이러한 정치성향은 베트남전쟁이 한창이던 중 일종의 반전시위로 미군의 공중 폭격이 가해지고 있던 베트남의 하노이 근교의 숲속에서 범주론 세미나를 여는 행동도 하였다. 1958년에 글로텐딕는 프랑스의 부유한 수학자였던 장 디외도네의 지원으로 프랑스 파리에 고등수학연구소인 IHÉS를 설립하였다. 그러나 순수한 학문연구기관인 IHÉS에 프랑스 국방부의 군사용 연구자금이 들어온 것에 항의하는 뜻으로 자신이 설립한 IHÉS를 떠나(1970) 그가 처음으로 수학 공부를 시작했었던 몽펠리에대학으로 가서 교편을 잡았다. 그는 몽펠리에에서 1988년까지 몸

담았다가 수학계를 완전히 떠나 자취를 감추었는데, 프랑스 아리에주주의 작은 농촌마을 라세레에 정착해서 농사를 지으며 소일하고 있었다. 2014년 사망 시까지 아리에주주에 살았다.

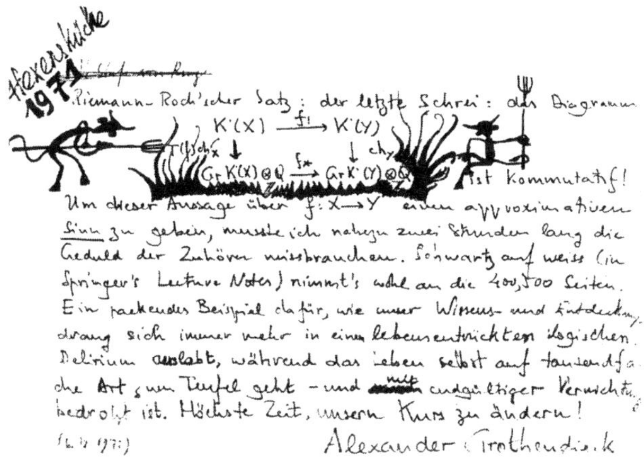

글로텐딕-리만-로흐 정리에 대해 적은 노트에 그린 글로텐딕의 낙서

그의 주요업적은 환의 스펙트럼, 사영 스펙트럼, 액스-글로텐딕 정리, 글로텐딕-리만-로흐 정리, 글로텐딕 군, 글로텐딕 위상, 글로텐딕 전체, 글로텐딕 아벨 범주, 글로텐딕 스펙트럼 열 등이 있다.

❑ **히로나카** (Hironaka Heisuke, 1931-, 일본)

일본의 수학자이다. 하버드대학교에서 박사 학위 취득 후 브랜다이스대학교 수학과 조교수가 돼서, 당시 대수기하학에서는 풀리지 않았던 유명한 난제인 대수다양체의 특이점 해소 정리를 완벽하게 증명해서 발표했다. 그 공로를 인정받아서, 컬럼비아 대학교 수학과 정교수가 됐고, 1970년에는 수학의 노벨상이라고 불리는 필즈상을 수상하였다.
컬럼비아에서 하버드대학교 수학과로 자리를 옮기고, 하버드대학교 수학과에서 7년동안 학생들을 가르쳤다고 한다. 그 후에는 일본으로 귀국하였다.

❑ **그로모프** (Mikhail Gromov, 1943-, 러시아 출생 프랑스와 러시아 국적)

러시아에서 태어나 프랑스에서 거주하는 러시아, 프랑스 이중 국적의 수학자이다. 수학의 여러 분야에 대해 근본적이고 폭넓은 업적을 남겼다, 특히 기하학에 공로가 크다. 심플렉틱 용량을 증명한 게 주요업적이며, 2009년 아벨상을 수상하였다.
그로모프는 기하적 군론, 쌍곡군의 개념 창시, 심플렉틱 위상수학에서 유사정칙곡선(pseudoholomorphic curves)의 개념 도입, 리만 기하학업적 등 해석학과 대수학의 분야를 심도 있게 탐구하였으며, 이러한 분야의 문제를 기하학적인 용어로 공식화하곤 했다.
그로모프의 미분 관계(differential relations)에 대한 호모토피 원리(h-principle)는 편미분방정식의 기하적 이론에 바탕을 두고 있다. 또 그로모프는 수학 외의 분야로 수리생물학에도 관심이 있다.
현재 그로모프는 IHÉS의 종신 회원이며, 뉴욕대학교의 수학 교수이다.

❑ **기신** (Werner Gysin, 1915-1998, 스위스)

스위스의 수학자이다. 기신은 1941년 취리히 연방공과대학교(Swiss Federal Institute of Technology in Zurich, ETH Zurich)에서 하인츠 호프(Heinz Hopf)와 에두아르드 스티펠(Eduard Stiefel)의 지도아래 박사 학위를 받았다. 그의 주요 업적으로 기신 완전열, 기신 시퀀스와 기신 동형을 들 수 있다.

❑ 해밀턴 (William Rowan Hamilton, 1805-1865, 아일랜드)

해밀턴은 아일랜드 수학자이다. 대수학에서 복소수 체를 포함하는 나눗셈 환인 사원수와 선형대수학에서 케일리-해밀턴 정리, 그래프 이론에서 해밀턴 경로가 대표적 업적이다. 수학 이외에 광학, 고전 역학 발전에도 큰 공헌을 했다. 고전 역학에서 라그랑주 역학을 더욱 발전시켜 해밀턴 역학을 만들었으며, 해밀토니안 개념은 나중에 양자역학의 발전에도 중요한 영향을 미쳤다. 해밀턴은 어린 시절부터 뛰어난 재능을 보여, 존 브링클리는 1823년 18살의 해밀턴에 대해 "앞으로는 알 수 없지만 현재 그의 나이에서 최고의 수학자이다"라고 평했다. 해밀턴은 당시 알려져 있던 라그랑지안과 라그랑주 방정식에 대한 해석을 내놓았다. 주요 업적을 요약하자면 케일리-해밀턴 정리, 해밀턴 경로, 해밀턴 역학, 해밀턴 - 자코비 방정식, 해밀턴 벡터장, 해밀턴 그룹, 삼각군 등이다.

❑ 하우스돌프 (Felix Hausdorff, 1868-1942, 독일)

독일의 수학자이다. 위상공간 등 토폴로지에 크게 기여하였다. 주요업적은 하우스도르프 측정, 하우스돌프치수, 하우스돌프 공간, 하우스돌프 최대원리, 하우스돌프 거리, 하우스돌프 역설, 하우스돌프 순간문제, 하우스돌프-영 불평등 등이다.

❑ 히르체브루크 (Friedrich Ernst Peter Hirzebruch, 1927-2012, 독일)

독일의 수학자로 위상수학과 복소다양체 이론, 대수기하학에 큰 업적을 남겼다. 마이클 아티야와 같이 위상 K 이론을 창시하였다.

주요업적은 히르체브루크-리만-로흐 정리, 히르체브루크 곡면, 위상 K이론 등이다.

히르체브루크는 1950년 독일 뮌스터대학교에서 박사학위 후, 1956년 본 대학교의 수학 정교수가 된 후 1993년 은퇴까지 본대학에서 머물렀다. 또한 본에 막스프랑크 수학연구소 설립하는데 크게 공헌하였다.

❑ 호지 (William Vallance Douglas Hodge, 1903-1975, 영국)

스코틀랜드 출생의 영국 기하학자이다. 대수기하학과 미분기하학에 대한 호지 이론을 세웠다.

마이클 아티야의 지도교수였고, 주요 업적은 호지 추측, 호지 쌍대, 호지 이론, 호지 구조 등이다.

호지 추측(Hodge conjecture)은 아직 완벽한 증명이 이뤄지지 않은, 대수기하학에서 복소수체 위의 비특이 사영 대수다양체의 코호몰로지에 대한 주요 미해결 문제이다.

1926년 브리스틀 대학교에서 가르치기 시작하였으며, 1930년에는 케임브리지 대학교 세인트존스 칼리지에서 연구원(research fellow) 자리를 얻었다. 1931-1932년에는 프린스턴대학교에서 가르쳤으며, 다시 케임브리지대학교로 돌아와 교수직을 얻었다. 1959-1965년 동안 왕립 학회의 부회장(vice president)이었으며, 1959년에 작위를 얻었다. 1975년 케임브리지에서 사망하였다

□ **호프** (Heinz Hopf, 1894-1971, 독일 출생 스위스 국적)

독일 출생 스위스 국적의 수학자이다. 어렸을 때부터 수학에 재능을 보였다. 1920년 베를린 훔볼트대학교에서 박사학위를 수여받은 후 괴팅겐대학교에서 다비트 힐베르트, 에미 뇌터, 카를 다비트 톨메 룽게 등과 같이 연구하다가 1926년 다시 베를린대학교로 돌아왔다. 1927-1928년에는 프린스턴대학교에서 강의한 바 있다. 1929년에 프린스턴대학교에서 교수로 초빙하였으나 거절하였고, 1931년 취리히 연방공과대학교에서 교편을 잡았다. 1940년에 프린스턴대학교에서 다시 교수로 초빙하였으나 다시 거절하였다.
아버지가 유대인인 호프의 재산을 독일이 몰수하자 호프는 스위스 국적을 취득하고, 스위스에서 머물렀다. 전후 1946-47년 및 1955-56년에는 프린스턴대학교에 머물렀고, 뉴욕대학교 및 스탠퍼드대학교에서 강의하였다. 1955년~1958년 국제수학연맹 회장을 맡았다. 1971년 스위스에서 사망하였다.
취리히 연방공과대학교에서는 호프를 기려 2001년부터 2년마다 순수수학에 대한 하인츠호프 기념강연을 계최하며, 2009년부터 호프 기념 강연과 동시에 하인츠 호프상을 수여하고 있다. 상금은 3만 스위스 프랑이며, 2009년부터 호프 기념강연은 호프상 수상자가 맡는다. 호프의 주요업적으로는 호프 대수, 호프 다발, 푸앵카레-호프 정리, 호프 불변량, 호프 연환 등이다.

□ **후레비치** (Witold Hurewicz, 1904-1956, 폴란드)

폴란드의 수학자이다. 주요업적은 호모토피 군, 후레비치 올뭉치, 후레비치 준동형 등이다.
1904년 당시 러시아 제국에 속했던 폴란드 우치의 유대인 가정에서 태어났다.
1914년에 제1차 세계 대전이 발발하자 후레비치 가족은 모스크바로 피난하였고, 종전 뒤 1919년에 다시 우치로 귀국하였다. 빈 대학교에서 1926년에 박사 학위를 수여받았다. 1927년~1936년을 암스테르담 대학교에서 보낸 뒤, 1936년에 미국으로 이민하였고, 1939년에 미국 시민권을 취득하였다.

프린스턴 고등연구소에서 일한 뒤, 1939년에 노스캐롤라이나 대학교 채플힐 교수가 되었다. 1945년에 매사추세츠 공과대학교 교수가 되었다.

1956년에 멕시코시티에서 열린 국제대수적위상수학학회에 참석하던 중 유카탄의 고대 마야 문명을 탐사하다 추락사 하였다.

❑ 자코비 (Carl Gustav Jacob Jacobi, 1804-1851, 독일)

자코비의 주요업적은 자코비 기호, 자코비 다양체, 자코비 세타 함수, 자코비 타원함수, 자코비 행렬, 자코비 형식, 자코비 항등식, 해밀턴-자코비 방정식 등이다.

1825년 박사학위를 수여받았다. 1827년 쾨니히스베르크 대학교 수학교수가 되었고, 1829년에는 정교수로 승진하였으며, 1842년까지 연구 활동하였다. 1843년에 과로로 쓰러졌다.

자코비는 삼각함수에 기초를 둔 타원함수를 만들었다. 아벨의 초월함수를 연구하고 타원함수론을 확립했으며, 행렬식을 연구해 해석학에 중요한 함수행렬식을 만들었다. 또한 편미분 방정식을 연구해 해밀턴-자코비 방정식을 도입하여 역학을 연구하는 데 매우 중요한 역할을 했다.

❑ 고다이라 (Kunihiko Kodaira, 1915-1997, 일본)

일본의 수학자로 조화적분론과 그것의 대수기하학에 대한 응용에 대한 업적으로 1954년에 필즈상을 수상하였다.

주요업적은 고다이라 소멸 정리, 고다이라 매장 정리, 고다이라 차원, 엔리퀘스-고다이라 분류 등이다.

1935년 도쿄제국대학 수학과 입학 후 1938년에 졸업하고 나서 다시 같은 학교 물리학과에 입학했다. 도쿄 대학에서 박사학위를 받았는데, 헤르만 바일이 그의 일본 시절 논문에 주목함으로써 미국에 초청 받게 된다.
1949년부터 1962년까지 고다이라는 프린스턴 고등연구소와 프린스턴대학교에서 일하였다. 그 뒤 존스홉킨스대학교, 스탠퍼드대학교를 거쳐 1967년 도쿄대학으로 돌아가서 교수를 역임하였다.
그 밖의 업적으로 도널드 클레이턴 스펜서(Donald Clayton Spencer)와 함께 개척한 변형 이론(deformation theory)이 있다. 고다이라는 스펜서와 함께 고다이라-스펜서 함수(Kodaira-Spencer map)를 정의하였는데, 이 함수는 주어진 복소다양체의 모든 가능한 변형(deformation)들을 분류한다. 이는 변형 이론의 시초를 이룬다.

❑ **켈러** (Erich Kähler, 1906-2000, 독일)

독일의 수학자이다. 주요업적은 켈러 다양체, 켈러 미분 등이다. 켈러 다양체의 개념을 도입하였고, K3 곡면도 켈러의 이름을 땄다.
나치당과 아돌프 히틀러를 지지하였으며, 1937년에 독일 해군에 자원하였다. 제2차세계대전 중 독일군으로 프랑스에서 포로가 되었으나. 프랑스 학자들의 도움으로 전쟁 포로임에도 불구하고 수학을 연구하며 조용히 지낼 수 있었다.
1947년에 석방되었으나, 이후에도 나치 독일에 대하여 긍정적인 태도를 보였으며, 적어도 1988년까지 사무실에 나치 독일 해군의 기를 소장하고 있었다고 한다.
1948년에 라이프치히대학교 교수가 되었다. 동독에서의 삶을 좋아하지 않아 1958년에 서독의 베를린공과대학교로 이전하였고, 이후 1964년에 함부르크대학교 교수가 되어 은퇴까지 지냈다.

❑ 쿰머 (Ernst Eduard Kummer, 1810-1893, 독일)

쿰머는 독일의 수학자이다. 쿰머는 수학의 여러 분야에 기여하였다. 접속 관계인 서로 다른 초기하급수 사이의 관계를 정리하였고, 19세기에 집중적으로 연구된 초기 오비폴드 가운데 16개의 특이점을 갖는 쿰머 곡면을 정의하였다.

쿰머의 첫번째 아내 오틸리에 멘델스존(Ottilie Mendelssohn)은 작곡가 펠릭스 멘델스존의 사촌이었다. 1855년 쿰머는 베를린 대학의 수학교수가 되었고, 군사학교에서 탄도학 교수를 겸임하면서 독일 육군장교들에게 탄도학을 가르쳤으며, 만년에는 김나지움의 수학 교사로 10년간 재직하였다. 김나지움 시절 쿰머의 제자였던 레오폴트 크로네커는 쿰머에게 감명을 받아 수학자가 되었다.

쿰머의 주요 업적으로는 쿰머 곡면, 쿰머 방정식, 쿰머 환, 쿰머 합, 그리고 K3 곡면의 K중 하나는 쿰머를 기리기 위한 것이다.

❑ 퀴네스 (Hermann Künneth, 1892-1975, 독일)

퀴네스는 독일의 수학자이자 유명한 대수적 위상수학자로 현재 퀴네스 정리(Künneth theorem)에 대한 그의 기여로 잘 알려져 있다. 그는 제 1 차 세계 대 전에 참전했고 영국군에 포로로 잡힌 적도 있다. 1922년 에를랑겐대학에서 박사 학위를 받았고 1923년부터 에를랑겐의 중등학교에서 수학교사로 재직 후, 에를랑겐 대학의 교수가 되었다. 향년 82세로 1975년 사망하였다. 그의 업적 분야는 수학, 대수적 위상수학이다.

❑ 라플라스 (Pierre-Simon Laplace, 1749-1827, 프랑스)

프랑스의 수학자이다. '프랑스의 뉴턴'으로 불리며 내무 장관까지 지낸 후작 지위을 갖은 수학자 겸 물리학자로서 라플라스는 확률의 해석에 공헌을 하였다.

라플라스는 프랑스 육군사관학교에서 보나파르트 나폴레옹에게 수학을 가르친 스승이었다. 그의 역저 <천체역학(총5권>은 당시 물리학을 집대성하고 확장한 것으로 평가받는다. 더불어 <확률론의 해석이론>등의 명저를 남겼으며 수리물리학 발전에 엄청난 공헌을 했다. 라플라스 변환, 라플라스 방정식 등에 그의 이름이 남아있다.

❑ 렆셔츠 (Solomon Lefschetz, 1884-1972, 러시아 출생 미국 국적)

러시아 출생의 미국 수학자로 대수적 위상수학에 중대한 업적을 남겼다. 대수 기하학과 비선형 미분방정식 이론의 발전에 많은 영향을 주었다.

주요업적은 렆셔츠 고정점정리, 피카르-렆셔츠 이론, 렆셔츠 연결, 렆셔츠 초평면정리, 렆셔츠 쌍대성, 렆셔츠 다양체, 렆셔츠 분리정리, 동형정리, 렆셔츠 제타함수 등이다.

렆셔츠는 20대 초반에 산업현장에서의 사고로 양손을 모두 잃는 중상을 당했으나, 수학 분야로 옮겨서 대수 기하학분야에서 박사학위를 받았고 프린스턴 대학교 정교수까지 되었다.

❑ 라이프니츠 (Gottfried Leibniz, 1646-1716, 독일)

독일의 수학자로 17세기의 세계적 천재이다. 극한에 의한 구분구적법을 정적분법으로 연결시켰다. 적분기호 $\int$ 를 도입하였다.

아리스텔레스에 견줄만큼 폭넓은 연구를 한 학자이다. 미적분법은 라이프니츠의 것이 더 편리하다. 베를린 학사원을 만들고 유럽각지에도 학사원을 세울 것을 장려하여 학문의 발전에도 힘썼다. 어릴 때부터 조숙한 천재로서, 혼자 힘으로 방대한 서적을 익히고, '말에는 명석함을 사상(事象)에는 유효성을' 찾는 것을 알았다고 한다. 14살에 라이프치히 대학교 법과에 입학, 20살인 1666년에 졸업했다. 마인츠의 법전 수정 작업을 한 다음, 1672년 외교 사절로 파리에 가서, 1676년까지 체재했다. 이 사이 특히 수학을 연구, 미적분학의 기본 정리를 발견하고, 위치해석의 새 방법에 대한 착상을 얻었다.

❑ 리 (Marius Sophus Lie, 1842-1899, 노르웨이)

노르웨이 수학자로서 그의 이름을 딴 리 대수로 유명하다. 그의 주요업적은 리 군, 리 대수, 리 괄호 등이 있다. 목사의 아들로 태어났으며, 현재의 오슬로 대학인 크리스티아니아 대학에서 학업을 마쳤다. 1872년 그 대학 교수가 되었으며, 1886년에는 펠릭스 클라인의 후임으로 라이프치히 대학교수로 취임한다. 그러나 우울증과 향수에 시달렸으며, 1898년 고향으로 귀향, 이듬해 56세의 나이에 비타민B12 흡수기능이 저하되어 생기는 악성 괴혈병으로 사망했다.

❑ 밀너 (John Willard Milnor, 1931-, 미국)

미국의 수학자이다. 미분위상수학 · K이론 등에 대한 업적과 수없이 많은 유명한 수학 저서들로 유명하다. 밀너의 저서들은 수학책이 어떻게 쓰여져야 하는가에 대한 좋은 본보기로 많은 사람들이 꼽고 있다. 1962년에 필즈상을 수상하였고, 2005년 현재, 그는 역시 저명한 수학자인 그의 부인 두사 맥더프(Dusa McDuff)와 함께 스토니브룩 대학교에 재직하고 있다.

밀너는 그의 뛰어난 업적과 재능 덕에 그 자신이 학부시절을 보낸 프린스턴 대학교에서 박사학위를 받았다. 밀너는 1962년부터 수학 연보(Annals of Mathematics)의 편집자였으며, 여러 중요한 저서들인 미분가능성 관점에서의 위상수학(Topology from the Differentiable Viewpoint), 모스 이론(Morse theory), 특성류(Characteristic classes), h-코보디즘 정리(The h-Cobordism theorem), 복소 일변수의 동역학(Dynamics in One Complex Variable), 복소 초곡면의 특이점(Singular Points of Complex Hypersurfaces) 등이 있다.

1962년 그의 미분위상수학에 대한 업적으로 필즈상을 수상하였고, 그 후 1967년에는 미국 국가 과학 메달(National Medal of Science)를, 1982년에는 수학 연구에 관한 스틸상(Steele prize), 1989년에는 울프상, 그리고 2004년에는 수학 저서에 관한 스틸상을 수상하였다. 2011년 아벨상 수상자로 선정되었다. 이로써 그는 필즈상, 울프상, 아벨상을 모두 수상한 수학자가 되었다.

❑ 매클레인 (Saunders Mac Lane, 1909-2005, 미국)

미국의 수학자로 사무엘 아일렌버그와 함께 범주론을 창안하였다. 주요업적은 범주론, 범주함자, 자연 변환, 아일렌버그-매클레인 공간, 막대 복합체, 모노이드 범주, 대칭 모노이드 범주 등이다.

미국 코네티컷주 태프트빌에서 태어났고 매클레인 가문

은 스코틀랜드 출신이었다.
예일대학교 학사, 시카고대학교 석사, 괴팅겐대학교에서 에미 뇌터, 헤르만 바일, 파울 베르나이스 등 아래서 박사 학위를 밟았다.
1938년~1947년에는 하버드대학교에 교수로 있었고, 1947년부터 시카고대학교에서 교수로 재직하였다.

❑ 모스 (Harold Calvin Marston Morse, 1892-1977, 미국)

미국의 수학자로 미분위상수학의 한 분야인 모스 이론을 창시하였다.
하버드대학교, 브라운대학교, 코넬대학교에서 강의하다가 프린스턴 고등연구소에서 교수직을 얻어, 여기서 은퇴할 때까지 있었고, 1977년 6월 22일 프린스턴에서 사망하였다.
모스는 일생의 대부분을 자신이 창시한 모스 이론에 바쳤다. 오늘날 모스 이론과 이로부터 파생된 플뢰어 호몰로지는 미분위상수학뿐만 아니라 이론물리학, 특히 끈 이론에 중요한 역할을 한다.

❑ 니젠후스 (Albert Nijenhuis, 1926-2015, 네덜란드)

네델란드 수학자로 그의 초기 연구는 미분 기하학 영역에 있었다. 1951년 암스테르담 대학에서 박사 학위를 받으면서 니젠후스 텐서를 개발했다.
그는 1952년 플브라이트 장학금을 받고, 프린스턴대학 연구원 (1952-1953) 으로 미국에 왔다. 그후 1953-1955사이에 프린스턴 고등 연구소에서 공부하였고, 그 후 1년 동안 시카고대학, 그 후 시애틀소재 워싱턴 대학교 (University of Washington) 에서 조교수로 근무한 후, 1963 년 펜실베니아대학교 에서 수학과 교수로 취직하여 1987년 은퇴할 때까지 수학교수로 재직했다.

은퇴한 후에, 미분기하학에 대한 그의 관심이 재연되었다. 그의 마지막 컨퍼런스 프레젠테이션과 논문은 그가 거의 70 살 때 발표되었다.

❑ 닐렌버그 (Louis Nirenberg, 1925-2020, 캐나다 출생 미국 국적)

닐렌버그는 캐나다 출생의 미국수학자이다. 보셔 기념상, 제프리 윌리엄스 상, 리로이 P. 스틸 상, 아벨상, 크라포르드상 등을 수상하였다. 그는 1950년 뉴욕대학교에서 박사학위를 하였고, 또 평생을 뉴욕대 수학과에서 가르쳤다. 20세기의 가장 뛰어난 수학자 중 한 명으로 여겨졌는데 2020년 사망하였다.

그의 주요 연구는 현과 드럼의 진동, 열의 흐름, 물의 움직임 및 기타 여러 현상을 설명하는 편미분 방정식 분야에 있다. 그의 많은 공헌은 2 차 포물선 편미분 방정식에 대한 강력한 최대 원리에 대한 그의 증명과 같이 분야의 기본으로 간주되며 복잡한 분석과 미분 기하학 연구와 밀접한 관련이있는 많은 연구를 통해 기하학적 분석 분야의 기초 인물로 간주된다.

그 외 다른 성과로는 2차원의 민코스키(Minkowski) 문제 해결, 가그리알도-닐렌버그(Gagliardo-Nirenberg) 보간 불평등, 복잡한 기하학의 뉴랜더-닐렌버그(Newlander-Nirenberg) 정리, 요셉 콘(Joseph Kohn)과의 의사 미분 연산자 개발 등이 있다.

❑ 피카드 (Charles Émile Picard, 1856-1941, 프랑스)

피카드는 프랑스의 수학자다. 1881년부터 파리대학교 교수로 재직하였다. 피카드 정리와 피카드 군으로 유명하다. 그 외 업적으로 피카드-렆셔츠 이론, 피카드-린델뢰프 정리, 피카드 반복법 등이 있다

❑ 포앙카레 (Jules-Henri Poincaré, 1854-1912, 프랑스)

포앙카레는 프랑스 출생의 가장 위대한 과학자 중의 한 명이다. 수학, 수리물리학, 천체 역학 등의 분야에서 중요한 기본원리를 확립한 업적을 남겼다. 한국어로 푸앙카레, 뽀앙까레 등으로 표기하기도 한다.

위상기하학에서 호몰로지 개념을 발견하고, 포앙카레 듀알정리, 포앙카레 보조정리, 수학에서 가장 유명한 문제 중의 하나인 포앙카레 추측을 제기한 것으로 특히 유명하다. 삼체문제에 대한 연구로 결정론적 복잡계를 발견하여 현대적인 카오스 이론의 기초를 마련하는 등 수많은 영역에서 주요한 기여를 하였다.

❑ 폰트리아진 (Lev Pontryagin, 1908-1988, 소련)

소련의 수학자였다. 폰트리아진의 주요업적은 폰트리아진 쌍대성, 폰트리아진 특성류 등이다.

러시아제국 모스크바에서 공무원의 아들로 태어났으나, 재정 형편 때문에 폰트리아진은 변변치 못한 학교를 다닐 수밖에 없었다. 폰트리아진은 14세 때 가스레인지 폭발사고로 실명하였다. 어머니가 아들의 교육을 위하여 수학책 및 논문을 읽어주었다. 어머니는 수학을 전혀 몰랐으므로, 기호들을 있는 그대로 읽었다한다.

어머니의 헌신적인 노력으로 폰트리아진은 1925년에 17세의 나이로 모스크바 대학교에 입학하였고, 시각장애인임에도 불구하고 수학에 매우 뛰어난 재능을 보여서 대학에서 주목받았다. 폰트리아진은 이미 1927년 19세의 나이부터 중요한 연구 결과를 출판하기 시작하였다.

1935년에는 힐베르트 5번 문제인 아벨 군에 대하여 해결하였고, 또한 1940년에는 오늘날 폰트리아진 특성류라고 알려진 특성류를 정의하였다. 1952년부터는 응용수학, 특히 제어이론을 연구발표하였다. 많은 이들은 폰트리아진이 반유대주의자라고 주장하였다.

❑ 리치 (Gregorio Ricci-Curbastro, 1853-1925, 이탈리아)

리치는 이탈리아 수학자였다. 리치는 텐서 미적분학의 개척자로서 대단히 유명하지만, 아주 많은 분야에서 탁월한 업적을 남겼다. 리치 곡률, 리치 흐름 모두 그의 업적이다.

리치-쿠르바스트로의 가장 유명한 논문인 〈절대 미분법 및 응용〉 은 제자 툴리오 레비치비타와의 공저로 발표되었다. 이 논문에서만 이름을 "리치쿠르바스트로" 대신 "리치"로 적었는데, 이 때문에 리치 곡률 텐서와 같은 개념에 "리치"라는 이름이 붙었다.

❑ 리만 (Bernhard Riemann, 1826-1866, 독일)

리만은 독일의 수학자로 리만 기하학의 창시자이다. 가우스의 제자로서 《기하학의 기초에 대해서 On the foundations of geometry 》 라는 리만 가설을 논했다.

해석학, 미분기하학에 혁신적인 업적을 남겼으며, 리만 기하학은 일반상대성이론의 기술에 사용되고 있다. 그의 이름은 리만 적분, 코시-리만 방정식, 리만 제타 함수, 리만 다양체 등의 수학용어에 남아 있다.

리만은 부끄러움을 잘 타고 어릴 적부터 보기 드문 수학적 재능을 나타냈지만, 대중 앞에서 말하기에는 너무 수줍음을 잘 타는 편이었다 한다. 수학의 황제라고 불리는 가우스는 리만의 박사 학위 논문을 보고, "박사 학위 논문이라고 볼 수가 없는 대논문"이라는 찬사를 쉴 틈 없이 보냈다고 한다. 완벽주의자였던 가우스가 말을 별로 하지 않는 성격이었다는 것을 감안한다면, 리만의 논문이

얼마나 뛰어났는지 짐작할 수 있다.
리만의 수학적 주요업적은 그 외에도 리만의 만 가설, 리만 계량, 리만 곡률 텐서, 리만 곡면, 리만 구, 리만 기하학, 리만 다양체, 리만-로흐 정리, 리만-르베그 보조정리, 리만 사상 정리, 리만 재배열 정리, 리만 합 등이다.

❑ 사드 (Arthur Sard, 1909년-1980년, 미국)

미국의 수학자인 사드는 미분위상수학과 스플라인 보간법으로 유명한 미분 기하학을 연구한 대표적 수학자로 대표적 업적은 사드의 정리이다.
하버드대학교에서 학사 석사 박사 (1936) 학위를 수여받았다고, 지도 교수는 마스턴 모스였다.
사드는 1937년에 개교한 뉴욕시립대학교의 퀸스칼리지 최초의 교수 가운데 하나가 되었다. 제2차 세계 대전 동안에는 컬럼비아 대학교에서 다른 수학자들과 함께 폭격기에 장치된 기관총의 조준에 대하여 연구하였다.
1970년에 뉴욕시립대학교에서 은퇴 후, 5년 동안 캘리포니아대학교 샌디에이고에서 연구원으로 있었다. 1975년에는 스위스 바젤로 이사하여 여러 유럽 대학교에서 강의하였고, 1980년 8월 31일에 바젤에서 사망하였다.

❑ 세레 (Jean-Pierre Serre, 1926-, 프랑스)

프랑스 수학자로 대수적 위상수학, 대수기하학 및 대수적 수 이론에 기여했다. 그는 1954년 필즈메달 과 2003년 아벨상을 수상했다.
세레는 1951년 소르본(Sorbonne) 에서 박사 학위를 받았다. 1956년 콜레 주 드 프랑스에서 교수로 선임됐다. 그

의 아내 조지안 세레도 화학 교수였다.

세레는 그의 연구 초기에 베일(Weil) 추측을 다루기 위해 더 일반적이고 세련된 코호몰로지이론을 구축할 필요성을 느꼈다. 문제는 유한 필드에 걸친 일관된 쉾코호몰로지가 정수 계수를 갖는 특이코호로지만큼 토폴로지를 포착할 수 없다는 것이었다. 세레(Serre)의 초기이론 중 1954-55년은 위트(Witt) 벡터 계수를 기반으로 한 이론이었다.

❑ 싱어 (Isadore Manuel Singer, 1924-, 미국)

싱어는 미국의 수학자이다. 마이클 아티야와 같이 아티야-싱어 지표 정리를 증명 하였으며, 이 공로로 아벨상을 아티야와 공동으로 수상하였다. 현재 매사추세츠 공과대학교의 수학 교수로 재직중이다.

디트로이트에서 태어나 1944년 미시간대학교에서 학사학위 후 시카고대학교에서 석사학위(1948)와 박사학위(1950)을 획득하였다. 그 뒤 캘리포니아 대학교 로스앤젤레스와 매사추세츠 공과대학교에서 교수로 일했다.

❑ 스톡스 (Sir George Gabriel Stokes, 1819-1903, 영국)

영국의 수학자이자 물리학자이다. 스톡스는 개신교 목사 아버지와 교회장관의 딸인 어머니 사이에서 태어나 그의 양육은 매우 종교적이었다. 어려서부터 수학적 재능을 보였다.

수학에서 유체역학의 나비에-스톡스 방정식을 발견하였고, 스톡스의 정리를 발표하였다. 주요업적은 스톡스의 정리, 나비에-스톡스 방정식, 스톡스 수, 스톡스 변수, 스톡스 현상 등이다.

1849년부터 케임브리지대학교에서 루커스 수학 석좌 교수직을 맡았으며, 1885년부터 1890년까지 왕립학회 회장을 지냈다.

□ **톰** (Rene Thom, 1923-2002, 프랑스)

프랑스의 수학자이다. 보충경계이론을 발견한 공로로 1958년에 필즈상을 수상하였다. 급변 이론(catastrophy theory)이라는 독창적인 방법의 기초를 닦은 수학자로 잘 알려져 있다. 그는 대수적 위상수학과 미분기하학 분야에서 많은 업적을 남겼다. 주요업적으로 급변 이론, 톰 공간, 톰 특성류, 톰 동형 등이 있다.

□ **토드** (John (Jack) Todd, 1911-2007, 영국)

토드는 영국과 미국에서 경력을 쌓은 북아일랜드의 수학자였다. 그는 수치해석학의 개척자였다 .
토드의 가장 위대한 업적중 하나는 2차대전 종전후 독일의 오버볼팍(Oberwolfach)수학연구소의 보존에 기여한 공로이다.
1945년에 토드는 미국으로 이민가서, 1957년부터 캘리포니아주 패서디나(Pasadena)에 소재한 캘리포니아공과대학교(California Institute of Technology)의 교수진에 합류했다. 토드는 칼텍 교수직을 은퇴했지만, 2001년 5월에 그의 90세 생일을 기념한 칼텍(Caltech) 심포지엄이 개최되는 영광을 가졌다. 그는 모두에게 잭 토드라 불렸고, 2007년 패서디나 자택에서 영면했다.
토드는 복소벡타번들에서 토드류를 정의하여 홀로몰픽 오일러지표를 구하는데 공헌하였다

❑ 베유 (André Abraham Weil, 1906-1998, 프랑스)

프랑스의 수학자로 수론과 대수기하학에서 지대한 공헌을 했다. 니콜라 부르바키의 창립 멤버였으며, 사실상 초기 리더였다. 철학자 시몬 베유의 오빠이다.
주요업적은 베유 추측, 베유 인자, 보렐-베유-보트 정리, 천-베유 이론, 하세-베유 제타 함수 등이다.
베유는 유태계 부모를 두고 파리에서 태어났고, 파리대학에서 박사학위를 받았다.

❑ 바이젠보크 (Roland Weitzenböck, 1885-1955, 오스트리아)

오스트리아 수학자이다. 바이젠보크는 연결을 도입한 미분기하학을 연구하는 오스트리아 수학자였다. 브라우어 (Brouwer)의 도움으로 1923년 암스테르담대학교 수학교수로 임명된후 1945년까지 머물렀다.
1923 년에 텐서계산법 을 포함한 다양체에 대한 바이젠보크 공식, 불변량 이론에 대한 현대논문을 발표했고, 그는 또한 비틀림에 대한 논문도 발표했다.

❑ 휘트니 (Hassler Whitney, 1907-1989, 미국)

미국의 수학자이다. 위상수학에 크게 기여하였다. 특히 주요업적은 대수적 위상수학, 미분위상수학, 휘트니 매장정리, 특이점 이론, 슈티펠-휘트니 특성류 등이다.
휘트니는 화려한 집안으로 유명했다. 아버지는 뉴욕주 대법원 판사였고, 어머니는 화가이자 정계에 활동하였다. 친할아버지 윌리엄 드와이트 휘트니는 예

일대학교에서 산스크리트어 전문 언어학자였고, 부계를 통해 코네티컷 주지사 및 미국 상원의원 로저 셔먼 볼드윈의 증손이고, 미국 독립선언서에 서명한 로저 셔먼의 5대손이었으며, 모계를 통해서는 천문학자 사이먼 뉴컴(Simon Newcomb)의 외손자였다.

휘트니는 평생 수학 말고도 음악과 등산을 취미로 삼았다. 바이올린과 비올라에 능숙하였고, 또한 이틀마다 10~20 킬로미터 달리기를 하였다. 또한 스위스의 대부분의 산들을 등반하였다.

1989년 5월 10일 82세의 나이로 스위스 당블랑슈(Dents Blanches)산을 등반하다 뇌졸중으로 사망하였다. 휘트니의 유골은 그의 유언에 따라 이 산 위에 뿌려졌다.

❑ 위튼 (Edward Witten, 1951-, 미국)

위튼은 미국의 수학자이다. 프린스턴고등연구소 소속으로 이론물리학자이면서 수학적 물리학 교수이다.

위튼의 연구분야는 끈 이론, 양자 중력, 초 대칭 양자 장이론 및 수학 물리학 분야이다.

위튼의 연구는 물리학 뿐만 아니라 순수수학에도 큰 영향을 미쳤다. 위튼은 아마 1990년 세계수학연맹(International Mathematical Union)으로부터 필즈메달(Fields Medal)을 수상한 최초의 유일한 물리학자일 것이다. 그가 1981년에 증명한 일반상대성이론에서 긍정적인 에너지이론의 업적을 높이 사고 필즈상을 받았다.

위튼의 주요업적은 M-이론, 와인버그-위튼 이론, 웨트-주미노-위튼 모형, 사이버그-위튼 불변량, 글로모브-위튼 불변량, 퀀탐 코호몰로지, 호라바-위튼 영역벽, 바파-위튼 정리, 위튼지수 등이다.

Bibliography 참고문헌

1. 조용승, 미분다양체, 교우사, 2019
2. 조용승, 대수적위상수학, 경문사, 2014
3. 조용승, 미분위상수학, 경문사, 2013
4. 조용승, 지표이론, 경문사, 2012
5. Cho, Y. S., Sheaf Theory, Kyung Moon Pub. 2011.
6. Cho, Y. S. and S. T. Hong, Singularities and theomodynamics of geodesic surface congruences, in book Aspects of Today's Cosmology, 347-364, 2011, In Tech pub.
7. Cho, Y. S., Symplectic manifolds, Gromov-Witten invariants on symplectic and almost contact metric manifolds, in book Manifolds, 2017, In Tech pub.
8. Cho, Y. S., Algebraic cycles in product spaces, preprint, 2020.
9. Cho, Y. S., Lefschetz standard conjecture, preprint, 2019.
10. Cho, Y. S., Quantum cohomologies on products of cosymplectic manifolds and circles, Bulletin of Malysian Math. Sci. Soc., 2016.
11. Cho, Y. S., Floer type cohomology on cosymplectic manifolds, Inter. J. of Geometric Methods in Modern Physics, vol.12, No.7, 1550082, 2015.
12. Cho, Y. S. and S. T. Hong, Dynamics of stringy congruences in the early universe, Physics Review, D83, 2011, 104040.
13. Cho, Y. S., Hurewicz number of triple ramified covers, Jour. of Geometry and Physics, vol.56, No.4, 542-555, 2008.
14. Cho, Y. S., Seiberg-Witten invariants on non-symplectic 4-manifolds, Osaka Jour. of Math., 169-173, 1997.

15. Cho, Y. S., Cyclic group actions on gauge theory, Differ. Geom. and its Applications, 6, 87-99, 1996.

16. Cho, Y. S., Finite group actions on the moduli space of self-dual connections 1, Transections, AMS, 323 No.1, 133-161, 1991.

17. Ahlfors, L., Complex analysis, McGraw-Hill Book Com., 1979.

18. Chern, S. S., Complex manifolds without potential theory, 1979, Springer-Verlag, New York Heidelberg Berlin.

19. Conway, J. B., Functions of one complex variable, Springer-Verlag New York Inc., 1973.

20. Deligne, P., Hodge cycles on abelian varieties, in Springer LNM, 900, q-100, 1982.

21. Grauert, H., On Levi's problem and the embedding of real-analytic manifolds, Ann. of Math., 68, 460-472, 1958.

22. Grothendieck, A., Hodge's general conjecture is false for trivial reasons, Topology, 8, 299-303, 1969.

23. Grothendieck, A., Standard conjectures on algebraic cycles, Algebraic Geometry, Bombay colloquium, 1968, Oxford Univ. Press, 1969.

24. Helgason, S., Differential geometry and symmetric spaces, Academic Press, Inc., New York, 1962.

25. Hirsch, M. W., Differential topology, Spring-Verlag New York Heidelberg Berlin, 1976.

26. Hirzebruch, F., Topological methods in algebraic geometry, Springer-Verlag New York Inc. 1966.

27. Hodge, W., The topological invariants of algebraic varieties, Proc. of the Inter. Conr. of Math., Cambridge Mass., 1950, vol.1, pp182-192, AMS Providence, R.I., 1952.

28. Kodaira, K., Complex manifolds and deformation of complex structures, Springer-Verlag New York Inc. 1986.

29. Kodaira, K., On Kähler varieties of restricted type, Ann. of Math., 60, 24-48, 1954.

30. Lefschetz, S., L'analysis situs et la géométrie algébrique, paris, 1924.

31. Milnor, J. and J. D. Stasheff, Characteristic classes, Annals of Math,. Studies 76. Princeton, 1974.

32. Milnor, J., Morse theory, princeton Univ. Press, No.51, 1963

33. Voisin, C., The Hodge conjecture, open problems in mathematics pp 521-543, Springer, 1917.

34. Warner, F. W., Foundations of differential manifolds and Lie groups, 1971, Scott, Foresman and Company.

35. Wells, R., Differential analysis on complex manifolds, Springer-Verlag, 1980.

INDEX 찾아보기

[국문]

D

E

M

N

O

P

Q

R

복소다양체

초판발행 2021년 3월 25일

지은이 조용승
펴낸이 오판근
펴낸곳 (주) 교우
주　소 서울시 동대문구 약령시로 8 교우빌딩 2층 (주)교우
전　화 02-925-2861 / **팩　스** 02-925-2860, **편집부** 02-925-2825
홈페이지&북스토어 www.kyowoo.co.kr / **이메일** kyowoo@kyowoo.co.kr

등　록 1994년 3월 24일 제1994-000013호
ISBN 979-11-251-0330-1 (93410)

Published by Kyowoo Co., Ltd. Printed in Korea

(주) 교우는 보다 혁신적이고 참신한 도서를 다양하게 기획하고 있습니다.
책으로 펴내고자 하는 아이디어나 원고는 메일로 보내주세요.
(주) 교우는 전과정을 책임지고 최선을 다하겠습니다.

값 23,000원

교우미디어는 (주) 교우의 Imprint 사입니다.
수학정원·과학정원은 (주) 교우의 새로운 브랜드명입니다.

잘못된 책은 구입하신 서점에서 교환해 드립니다.